中华科技传奇丛书

从飞鸽传书到量子通信

罗 强 编著

U0395673

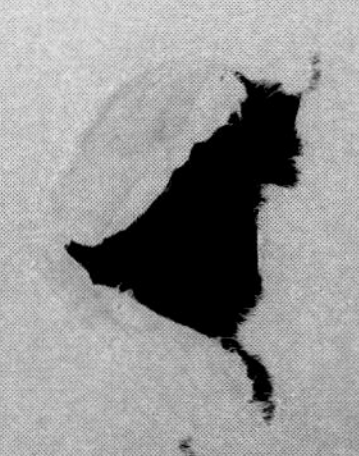

上海科学普及出版社

图书在版编目(CIP)数据

从飞鸽传书到量子通信/罗强编著．——上海：上海科学普及出版社，2014.3

(中华科技传奇丛书)

ISBN 978－7－5427－6044－9

Ⅰ．①从…　Ⅱ．①罗…　Ⅲ．①通信技术－技术史－中国－普及读物　Ⅳ．①TN－092

中国版本图书馆 CIP 数据核字(2013)第 306660 号

责任编辑：胡　伟

中华科技传奇丛书

从飞鸽传书到量子通信

罗　强　编著

上海科学普及出版社出版发行

(上海中山北路 832 号　邮政编码 200070)

http://www.pspsh.com

各地新华书店经销　三河市华业印装厂印刷

开本 787×1092　1/16　印张 11.5　字数 181 400

2014 年 3 月第一版　2014 年 3 月第一次印刷

ISBN 978－7－5427－6044－9　定价：22.00 元

前言

人类自存在以来，就总是要进行思想交流和消息传递的。通信就是信息的传递，是指由一地向另一地进行信息的传输与交换，进行信息的传输是其目的。通信是人与人之间通过某种媒体进行的信息交流与传递，从广义上说，无论采用何种方法，使用何种媒质，只要将信息从一地传送到另一地，均可称为通信。古代的烽火台、击鼓、驿站快马接力、信鸽、旗语等，现代的电信等都是通信的方式。

通信不仅提高了社会生产力，而且推动了全社会的进步与发展。通信将个体人类对周围世界的发现与发明成为了整体人类的共同财产，从而促进了人类社会的飞跃发展。例如，19世纪电报、电话的发明，使欧洲的近代产业革命发展成为现代意义的全球化的工业；现代信息产业的革命，把被四大洋分割成多个板块的地球成为了“地球村”；让生活在一个“小小寰球”上的人类能够遨游于宇宙空间。

在人类社会发展的这几个主要历史阶段中，通信也经过了一段漫长的发展历程。在原始社会中，传递信息的主要手段是口语与符号刻画。在进入了农业社会后，文本的邮传与烽火等使远距离的信息传递成为可能，从而人类的活动及生存空间被扩大了。电报与电话等通信工具的产生，则使人类的生存空间得到了进一步的扩展。而被称之为“第五次产业革命”的当代信息革命则将人类社会推向了一个新纪元。“信息革命”包括了两个阶段，“第一次信息革命”是以计算机的出现作为代表的；“第二次信息革命”标记着信息高速公路的建设和形成、并且是以计算机运用的网络化和多媒体化为基础的。

本书向读者讲述中国通信科技的发展历程，其中包括了古代通信的发展，和随着人类社会科学技术的不断发展所产生的一系列的通信工具以及通信技术做了详细的介绍。本书将会给读者展示人类通信的巨大魅力，让读者对通信技术产生更强烈的学习欲望，让读者畅游在通信科学的海洋之中。

目录

一、古代通信

二、通信工具

三、通信技术

四、通信发展

五、我国的通信发展

一、古代通信

击鼓传令

⊙拾遗钩沉

击鼓传令是我国古代的一种军事传递信息方式，用鼓声的密集点及时有效地传递军事消息，从而起到共同防联、共同御敌的军事作用。

信息传递伴随着人类社会的产生而产生，击鼓传令是我国古代军事作战中常用的通信方式。通常把鼓放在一定高度的鼓架上，有的朝代还建造了鼓楼，专门放置传令的鼓架。鼓架处在不同的方向，一旦发现前方敌人侵犯，鼓手就通过敲击金鼓进行信息传递。由不同的鼓点表示不同的内容，调集分散在不同方向的军队。击鼓传令的时期很漫长。据记载，春秋战国时期充分应用了这一种传递信息方式。由于春秋战国属于多国争霸的战乱时期，诸侯小国林立，用鼓声传递信息能够及时而有效地进行通信，确保了各国联防共同对敌的作用。

在《韩非子》一书中提到了关于击鼓传令的故事。有一次楚厉王喝醉酒，突然擂起大鼓，击鼓传令，于是全城军民以为敌军来袭，纷纷拿起了武器。当军民集结在王宫门前的时候，醉酒的楚厉王才猛然惊醒，向人们解释这是一场虚惊，才让军民安心散去。我国古代战争中常常使用“击鼓进军”、“鸣金收兵”来指挥作战，当双方在进行交战的时候，主将和各级将领的车上都横悬着鼓，其余的战车必须按照主将的鼓声冲锋陷阵或停止进攻。

法家思想家韩非子

⊙史实链接

在远古的时期，人们只能通过简

单的语言、壁画等方式来交换信息，信息传递的基本方式都是依靠人的视觉与听觉。约在3000多年前，古人们用铜做成直径2至3米的金鼓，用来击鼓为令，传递信息。

随着社会的发展，各国之间出现了战争。指挥军队作战的通信工具主要有旗、鼓、角等，并配有专司击鼓、鸣金、挥旗、传令的人员，也就是通信兵。根据殷墟出土的甲骨文记载，最早进行有组织的军事通信活动就是通过击鼓传令，通过鼓声来传报边境的军情。在甲骨文记载中，有“来鼓”两字，表达的就是“击鼓传令”。殷商时期，强大的敌人多在西方和北方，因此商王不但在边境上派重兵把守，还专门设置用铜做成的大鼓，将大鼓置于高高的架子上，一旁有专门等候的通信兵。通信兵的出现是为了适应军队作战指挥的需要，从而逐渐成为军队的一部分。一旦四周出现敌情，通信兵立即敲击大鼓，通过鼓点的间隔节奏，来传递不同的命令内容。鼓声频传，把外敌入侵的紧急军情一站接一站地传递，迅速到达天子的耳朵里。在春秋战国的动荡时期，诸侯小国林立，这种用鼓声传递信息的方法，演变成为作战通信的主要手段。

甲骨文

《史记·孙子吴起列传》中记载了一个“三令五申”的故事。当著名的军事家孙武流寓在吴国的时候，吴王想试试孙武的军事才能，于是就将两名宠姬和180名年轻的宫女交给孙武操练。孙武把宫女分作两队，让吴王的两名宠姬当队长。孙武向宫女们交代了口令，之后击鼓传令，但是宫女们一阵哄笑。她们只顾嬉笑，于是队伍乱成一片。孙武再次击鼓传令，宫女们只觉得好玩，没有把孙武的鼓声当做命令。两次之后，孙

春秋军事家孙武

武以号令既然已交代明白而宫女不听令，这是队长之罪，于是不顾吴王阻拦，下令将吴王的两名宠姬处死。宠姬一死，所有宫女骇然，孙武重新操练宫女，没有人敢不听号令。“三令五申”也成了我国古代军事记录的简称。所谓“三令”，一令观敌之谋；二令听金鼓，视旌旗；三令举斧，以进攻。

⊙古今评说

击鼓传令是我国古代传递军事信息的一种通信方式，也是战争中最普遍最常用的信息传递方式。之所以在战争中使用击鼓传令，是因为整齐沉重的鼓点既能够来表示冲锋的意图及节奏，也能够以穿透战场的金属锣声来传达撤退的命令。

我国古代还建有专门击鼓的鼓楼，鼓楼遍布全国各地，而且历代皆有建造。鼓楼的建造也是为了击鼓传令，传递信息，后来鼓楼已经失去了其原本的作用，逐渐演变成为祭祀、迎宾礼仪和报时的场所。

古代击鼓传令

烽火传军情

⊙拾遗钩沉

烽火，也称为烽燧，是我国古代传递军情、进行报警的一种方法，如果敌人是在白天侵犯，就燃烟（燧），如果敌人是在夜间来犯，就点火（烽），以可见的烟气和光亮进行军事报警、传递军情。为此，在边防军事要塞或交通要冲的高处，每隔一定距离建筑一烽火台，作用是为了便于侦查，在敌人入侵的时候，通报敌情，以让下一个军岗提高警惕。

烽火台通常选择建立在便于瞭望的高冈上，一般相距10里左右便有一座烽火台，当士兵发现敌人来犯时，立即在台上燃起烽火，附近相邻的烽火台看到后也会依样燃起烽火，经过一座又一座烽火台的传递，敌情便可迅速传递到朝廷的军事中枢部门。烽火台上有守望房屋和燃烟放火的设备，台下有专门的士卒居住的房屋和仓库等建筑。烽火台的形状并不是相同的，而是因地制宜，一般分为方、圆两种。长城上也有烽火台，但它的出现早于长城。在明代的时候，烽火台传报军情除放烽、烟之外，还加上放炮的方法，在点火放烟时候还会加上硫磺，便于下一个军岗清晰观察。随着历史的演变，烽火台也在不断发展，以加强传递紧急军情的功能，一旦白天发现敌情，就点燃掺有狼粪的柴草，让浓烟直上云霄；如果是在夜里，那就燃烧加有硫磺和硝石的干柴，使烽火台火光通明。

块状硝石

⊙史实链接

烽火始于商周时期，消失于明清时期。早在三千多年前，中国就有了利用烽火台通信的方法。在我国历代的烽火组织中，以汉代规模最大。

早在西周的时候，在都城镐京的骊山上就设有烽火台，这些烽火台连成一片，成为军事报警阵地，每座烽火台间隔一定距离，但相隔并不远。在敌人入侵时，烽火台上就燃起烽火进行报警。京城附近的诸侯看到烽火信号会及时赶来救援。在我国历史上，周幽王“烽火戏诸侯”的故事，就发生在这里。

西周烽火台

在西周末年，周幽王十分宠爱褒姒，但褒姒生来不爱笑。周幽王为了博得她一笑，竟然不顾众臣反对，数次在烽火台上无故点燃烽火，各路诸侯以为边关告急，不顾长途跋涉，匆忙赶来救驾，结果发现是周幽王的戏谑，于是诸侯懊恼不已，只能原路返回。从此以后，周幽王便失信于诸侯。最后，当敌军真的入侵，边关告急之时，周幽王慌忙让人点燃烽火，但各路诸侯却再也不相信周幽王了。烽火戏诸侯直接导致了西周亡国！

每当提到烽火台时，人们自然而然地会想到长城，烽火台是建立在长城沿线的险要之处和交通要道上的。著名的万里长城，始建于春秋战国，横穿我国北方的崇山峻岭，是人类建筑史上罕见的古代军事防御工程。长城的出现晚于

雄伟的万里长城

烽火台，它是在烽火台的基础上建造起来的。长城与沿线的烽火台连成一线，成为我国古代军事防御体系的一部分。初期，烽火台是在附近建立，彼此相望。烽火台一般是独立构筑的，但也有烽堠群，是三、五个成犄角配置。之后，城墙把这些烽火台和连续不断的防御城堡联系起来，共同构成了我国雄伟壮观的长城。

⊙古今评说

烽火传军情是我国古代用以传递边疆军事情报的一种通信方法。用烽火传递军情，不管白天还是夜晚都能够看见，并且军情传达迅速，在防范敌人入侵上，起到了重要的作用。

军情是古代国家和部族最重要、最需要迅速传达的信息。军情的迅速传递，因为有了烽火这种行之有效的通信方法，才能得以实现。这种通信方式一直沿用到明清。如今，烽火传军情这种传递方式虽然已经不存在了，但人们并没有遗忘。在我国的山东省有一座烟台市，因为明朝在那里设置著名的狼烟台，城市因此得名“烟台”。烽火传军情对于研究我国古代军事通信具有重要的作用。

狼烟台

鱼传尺素

⊙拾遗钩沉

由于古代通信不便，古人为了秘密传递信息，就用绢帛来写信，信写好之后装在鱼腹中。这种把鱼当做传信工具的做法，叫做“鱼传尺素”。

尺是指一尺，素是指白色的绢帛，尺素的意思就是一尺长的绢帛。古代人们常用绢帛书写书信，在没有绢帛之前，人们只能用竹简来书写。到了唐代，用绢帛来写信变得更为流行。由于人们常常写信的绢帛，都是一尺长的，因此也把书信称为“尺素”。鱼传尺素和鸿雁传书一样，都可作为古代书信的代名词。古代的鱼被看作是传递书信的使者，人们用“鱼素”、“鱼书”、“鲤鱼”、“双鲤”等作为书信的代称，常常出现在古诗文中。唐代李商隐写过一首《寄令狐郎中》，其中有这么一句：“嵩云秦树久离居，双鲤迢迢一纸书。”不过，诗中的“双鲤”显然并非两条真正的鲤鱼，而只是指两块木板拼成的双鲤鱼形状，中间藏着尺素，故有“双鲤鱼迢迢一纸书”的说法。

竹简文学

⊙史实链接

鱼传尺素最早出自古乐府的《饮马长城窟行》中，《饮马长城窟行》主要是记载了秦始皇修长城时，强征大量男丁服役而造成妻离子散，妻子思念丈夫的离情：“客从远方来，遗我双鲤鱼。呼儿烹鲤鱼，中有尺素书。”尺素即是指古代用绢帛书写的一尺书信。人们用绢帛写信而装在鱼腹中传给对方，后来改以鲤鱼形状的函套用来装书信。诗中的“双鲤鱼”，不是指两条真的鲤鱼，而是指用两块木板拼起来的一条木刻鲤鱼，相当于信封，里面装着书信。

在东汉蔡伦没有发明造纸术之前，古代没有信封，人们在传递书信的时候常常会担心书信丢失或者被私自拆封。因此，人们常常把写有书信的尺素夹在两块刻成鲤鱼形状的木板中，通常用绳子在木板的三道线槽内进行捆绕，然后穿过方孔，在打结的地方用黏土封好，最后在黏土上盖上玺印，就成了“封泥”，这样可以防止在送信途中信件被私拆。诗中的“双鲤鱼”了就是这么来的。

司马迁的《史记·陈涉世家》中，也记载当年陈胜、吴广用朱砂在绢帛上写着“陈胜王”三个红字，为了防止被发现，将尺素藏在鱼腹之中，在征发戍边的戍卒之间相互传送，共同策划揭竿而起的故事。由此可见，鱼传尺素作为古代的一种通信方式，如同今天的信封一样，可以很好地保护鲤鱼中尺素的隐私。

西汉史学家司马迁

1990年的时候，我国的邮电部发行了J174M《中华全国集邮联合会第三次代表大会》邮票一枚，邮票图案为姑苏驿站，边纸图案为古代铜器上的鱼形铭文。之所以选用这些鱼形铭文，是用“鱼传尺素”来象征我国的邮政通信。

⊙古今评说

随着历史的发展，通信技术的改变，人们传递书信、信息的方式也越来越先进。“鱼传尺素”也已经成为我国古代邮政通信的一种象征。

无独有偶，在国外，也有让鱼传信的事情，不过国外传信的鱼是真的鱼，而不是木刻的鲤鱼。在斯堪的那维亚半岛有一种扁鲹鱼，它们每天早晨成群结队地从海峡这边游到海峡那边，在那边栖息一夜后又在第二天早上集体按原路返回，每天周而复始。于是海峡两边的人们利用它们的生活习性，把装有信件的小袋在早晨放进海里，让扁鲹鱼顶到对岸，第二天又让扁鲹鱼把对岸的邮件

姑苏驿站邮票

袋顶回来，如此进行信息沟通、交流。

不论在中国还是在外国，鱼传尺素都代表着在通信技术不发达的时代里，人们发挥智慧设法传递信息的精神。虽然鱼传尺素已经不再适应于当今的社会，但它对于研究古代通信仍具有十分重要的意义。

黄耳传书

⊙拾遗钩沉

黄耳传书指的是用狗充当信使，传递书信。黄耳是晋代文学家陆机养的一只狗的名字，因为当时它帮陆机在京城与故乡之间来回传递书信，因此人们后来用黄耳传书来形容狗充当信使进行传信。

由于古代通信十分落后，人们常常使用动物来充当邮递员。在动物的“邮递员”中，除了鱼和大雁、信鸽之外，还有一种动物也能够充当信息邮递员，那就是狗。狗不但机警勇敢、善解人意，而且十分忠实可靠，吃苦耐劳，在很久以前就成为了人类进行通信活动的得力助手。

据史书记载，在春秋战国时期，我国就出现了用狗来递送情报的现象。晋代著名文学家陆机曾经用狗来进行书信传递，黄耳传书的典故正是来源于陆机。此后，唐代著名的诗人李贺也曾写过“犬书曾去洛，鹤病悔逊秦”的诗句。在元明时期，我国在黑龙江下游专门设置了许多狗驿，还配备了专门驯养“邮犬”的驿夫，用狗来传递书信、运送来往官差和货物。仅辽东地区就存在着狗驿15所，驿夫300人，驯养着专门送信的“邮犬”近3000只。由此可见，当年狗驿在元朝、明朝北疆的邮驿地位之重。

⊙史实链接

陆机是西晋时期著名的文学家、书法家，与弟弟陆云两人合称为“二陆”。他的作品《平复帖》是现存于世的最早的名人书法真迹。陆机养了一只狗，名字叫做“黄耳”。黄耳聪明乖巧，吃苦耐劳，深得陆机的喜爱。由于陆机在京城当官，长久居住在京师洛阳，他十分想念在千里之外的家乡华亭（今上海松江）。当时通信不发达，陆机一直没有收到家信，于是十分担心。有一次，陆机有件要紧的事情要告诉远在家乡华亭的母亲，却找不到传信的人，这时家犬黄耳跑进房来。

西晋著名文学家陆机

于是陆机开玩笑地对黄耳说："你能帮我传递消息吗？"黄耳好像听懂了陆机的话，竟然对着陆机摇摆着尾巴，嘴巴里也连连发出声音，似乎在向他表达坚决完成任务的决心。陆机看到黄耳的反应大为惊诧，于是就写了一封信，抱着试一试的心态，把信装入竹筒里，然后绑在黄耳的脖子上。然后拍了拍黄耳的头，对它说："黄耳啊黄耳，这次送信的任务就交给你了，希望你能早日回来。"黄耳经过驿道，从京师到华亭，日夜不息地赶路，居然真的把信送到了陆机的家人手上。家人看到黄耳脖子上的家信十分惊讶，也十分欣喜，于是给陆机回了信，同样装回竹筒，挂在黄耳的脖子上。

黄耳翻山越岭，沿原路返回京城，把家信送到了陆机的手上。陆机十分感动和惊讶，因为家乡和洛阳相隔千里，人在两地之间往返都需要五十天的时候，而黄耳来回两地只用了二十多天。后来，黄耳就经常在南北两地奔跑，为陆机传递书信，成了狗信使，保持与家人的联系。为了感谢"黄耳"传书之功，它死后，陆机把它埋葬在家乡，村人称之为"黄耳冢"。

⊙古今评说

黄耳传书的故事感动了很多人，人们纷纷把这个动人的故事写入诗词中，以此纪念这只忠心的狗。唐代李贺在《始为奉礼忆昌谷山居》中云："犬书曾去洛，鹤病悔游秦。"元代王实甫在《西厢记》中写道："不闻黄犬音，难传红叶诗，驿长不遇梅花使，孤身去国三千里，一日归必十二时。""黄犬"，指的就是黄耳。

黄耳为主人往返传书的故事流传开来后，人们常常把黄耳传书这个典故来比喻传递家信。狗是人类的好朋友，在当时通信不便的情况下，狗帮助人类传递家信，表达思乡感情。黄耳传书的历史典故表达了狗与人和谐相处的深厚感情。人们也把黄耳传书与鸿雁传书、鲤鱼传书等相媲美。

风筝传信

⊙拾遗钩沉

风筝是我国最古老的一种民间艺术及休闲活动，它也是我国古代进行传信的工具之一。在我国古代，风筝传信是一种特别的应急通信方式，在信息传递中发挥过重要的作用。

春秋思想家墨子

通信是人类的生活与生产必不可少的，但由于古代通信技术的落后，人们为了便于传递信息，便创造出多种通信方式，风筝通信就是其中的一种。风筝起源于春秋时期，至今已有2000余年的历史。相传在春秋时期，杰出的思想家、政治家墨子就曾经因为战争的需要，以木为材料作成一个鸟形的木鸢。史书有记载："墨子为木鸢，三年而成，飞一日而败。"由此可见，制作风筝最初的目的是为了军事需要。

⊙史实链接

风筝起源于春秋时期，最早的风筝并不是玩具，而是用于军事通信上的工具。相传，春秋的墨子研制了三年的时间，终于以木头制成了木鸟，这就是木鸢。后来，他的学生鲁班，也就是鲁国著名的巧匠公输盘，对墨子的木鸢进行改进，用竹子替代了木头的材质，"削竹木以为鹊，成而飞之，三日不下"，这种木鹊从而演进成为今日的风筝。但鲁班研制风筝也是为了应用于军事战争。军事上利用风筝通信的例子，史书上也多有记载。风筝常常被用做是一种军事传信的工具，用于三角测量信号、天空风向测查和通信的手段。相传，在公元前203–前202年，楚汉相争进入最后的对峙阶段，当时汉兵先包围楚营，汉将张良借大雾迷蒙之机，从南山之隐放起丝制的大风筝，并命令吹箫童子卧伏在风筝的上面，吹奏楚曲。同时。张良命令汉军在四面围住楚军，唱起楚歌。楚营的官兵听到楚国的歌声，不禁思乡心切，因不战而散，项羽也自刎于乌江边。汉军取得了最后的胜利。也是东楚汉相争时，公元前190年，汉将韩信要攻打未央宫，于是利用风筝，测量未央宫下面的地道的距离。

到了东汉时期，蔡伦发明了造纸术，这为风筝的发展进一步提供了条件，使风筝的工艺变得更加完善。人们用竹篾做架子，然后用纸糊在架子上，便成了所谓的“纸鸢”。五代时期，因为有人在纸鸢上加入了竹哨，风一吹响竹哨，便发出一种类似于古筝的声音，于是就有了“风筝”的叫法。古书也有记载：“五代李郑于宫中作纸鸢，引线乘风为戏，后于鸢首以竹为笛，使风入竹，声如筝鸣，故名风筝。”到了南北朝，风筝正式开始成为传递信息的工具，为人们的通信提供更直接简便的方式。南北朝梁武帝时期，侯景叛乱，叛军将武帝围困于梁都建邺（即今南京），当时宫城内外断绝，侯景派兵把守在外，无法进行书信的传递。于是有人向皇上献计，利用风筝传信，把皇帝诏令系在其中。当时太子简文做了一只大风筝，在太极殿外，让风筝乘着西北风飘上空中，以向外请求支援。但不幸的是，风筝被叛军发觉，侯景看到风筝误认为这是一种巫发，于是射箭将风筝射落。不久之后，台城被侯景攻陷，梁朝也走上了灭亡的道路。这是一个关于放风筝向外求救不幸失败的故事。

发明家鲁班

到了明代的时候，风筝依然作为一种军事工具使用，不过这次风筝上载着的是炸药，官兵运用“风筝碰”的原理，引爆风筝上的引火线，以达成杀伤敌人之目的。唐宋时期，人们才把风筝作为锻炼身体的工艺品，在清明节之时，人们常常将风筝放得高而远，然后将线割断，祈求风筝带走一年积累的晦气。

⊙古今评说

风筝产生于战争之中，用于战争之时，它随着我国丝织和造纸术的发明，不断演变、发展。时至今日，世界各国都有举办风筝节的活动。我国通过放风筝的活动，不但扩大了对外文化交流的范围，还加强了与世界各国人民友谊，对我国的经济发展和旅游事业发挥着重要的作用。此外，风筝也为飞机飞上天空提供了原理和灵感。

最初的风筝是为了军事上的需要而制作的，主要用途是军事侦察，或是用来传递信息和军事情报。唐宋时期，风筝才逐渐成为一种娱乐的玩具，并在民间流传开来，放风筝成为人们喜爱的户外活动。

飞翔的风筝

竹筒传书

⊙拾遗钩沉

我国古代用竹筒传递书信，也是一种特别的水上通邮方式。竹筒传书始于隋唐，之后在明、清时期，相沿成俗。人们把写好的书信装在密封的竹筒里，而竹筒的作用类似于今天的信封，因此人们也把竹筒称为邮筒。

唐代著名诗人白居易

我国古代在通信技术落后的情况下，常常运用一些特别的方法来进行信息传递。在竹筒传书的历史中，除了传递书信之外，还是诗人传递诗稿、相互交流的主要工具。据《唐语林》记载，我国唐代著名诗人白居易在杭州当刺史时，由于与朋友各居一方，往来不便，要和朋友之间进行诗稿交流十分不易。于是白居易想到了竹筒传书这个好方法，他把写好的诗稿装入一个竹筒中，把竹筒密封起来，然后把竹筒扔入水中，任其随水波漂流而下，寄给朋友。朋友收到白居易的竹筒之后，把回信装入竹筒，再寄回给白居易。

唐代著名诗人李白

在唐代，许多文人诗豪都喜欢用竹筒传书保持与朋友的通信、联系，如诗仙李白和文学家元稹，就曾经多次使用了这种竹筒水上通邮的方式，留下了许多关于竹筒传书的诗句，如李白的“桃竹书筒绮秀文”的诗句，贯休写下了“尺书裁罢寄邮筒”。竹筒传书始于唐代，宋代也沿习这种特别的通信方式，宋代诗人赵蕃的诗中有

"但恐衡阳无过雁，书筒不至费人思"的句子。装有书信的竹筒，寄托着诗人真挚的感情和无限的思念。

⊙史实链接

竹筒传书历史悠久，历史上最早记载竹筒传书的是在隋朝。在隋文帝开皇十一年（590年），由于南方各地纷纷发生叛乱，国内乱成一团。为了平定叛乱，稳定江山，隋文帝紧急下诏，任命杨素率军前去南方讨伐乱军。

杨素率领水军进入江南以后，接连打了好几个胜仗，收复了京口、无锡等地，官兵士气非常高涨。于是，杨素一鼓作气，在有利的军事形势下，率领主力部队追踪叛军，一直追到了海边，杨素命令大部队就地驻扎，然后派史万岁率两千人，翻山越岭穿插到叛军的背后发动进攻。史万岁是当时的行军总管，为了打败叛军，史万岁率领部队勇猛前进，在山林溪流之间打了许多胜仗，并且收复了大片的失地。

史万岁打了胜战，肯定要把捷报上报上级。但在当时，因交通的阻绝导致了通信的困难，况且史万岁在山林溪流之间，更无法与杨素率领的大部队取得联系。史万岁为此事苦恼，这时他站在山顶临风而望，看到前面茂密的竹林被风吹着像海里的波浪一样随风而舞。史万岁灵机一动，立即派人从竹林之中截下一节竹子，然后把写好的战事报告装在竹筒里。史万岁把封好的竹筒放入水中，竹筒随着水流漂动。

几天后，挑水的乡人看到了了水上的竹筒，便打捞起来，发现了史万岁封在竹筒里的报告，于是挑水的乡人便按报告上的提示，把竹筒送到了杨素手中。杨素看到乡人送来竹筒，大喜过望，又看到史万岁带领军队接连取得胜利的报告，于是立即派人报告给朝廷。隋文帝听到喜报，提拔史万岁为

郁郁葱葱的竹林

左领军将军。之后，叛乱很快被彻底平定了。竹筒传书作为一种在战争中开始的通信工具，被历代沿用了下来，广泛应用在日常的通信之中。

⊙古今评说

史万岁想出竹筒传书的办法，不但使自己与上级取得了联系，赢得了胜利，还在不经意间给后人开启了一个水上通邮的榜样，竹筒传书也被人们所熟知和广泛应用。

隋朝军事家杨素

竹筒传书充分表达了我国古人的智慧。传递信息的方式有许多种，但利用水上的途径进行传递信息的却只有竹筒传书这一种。经过历代历朝的发展，竹筒传书已经成为一种主要的通信方式，而竹筒也开始泛指书信。

如今，竹筒传书早已消失在了历史舞台，但它作为一种古老的水上通邮方式，在历史上留下了光辉灿烂的一笔。

灯 塔

⊙拾遗钩沉

灯塔是一种塔状的固定航标，建于航道关键部位附近。灯塔可以在夜晚引导航船绕过险滩，通过暗礁，平安驶向目的港，保障夜间行船的安全，给航海带来极大的便利。

在辽阔的海洋里，拥有着丰富的自然资源，因此，人们纷纷到海里开采资源。随着航海事业的发展，水手们白天可以通过目视，进而发现航船附近的礁石、岛屿。但是到了晚上，四周一片漆黑，水手们什么也看不见，给航行安全带来极大的威胁。于是，为了便于夜间导航，诞生了一种助航建筑——灯塔。夜间，水手们可以在漆黑无际的海上发现闪烁不同光线的灯塔，引导航船绕过礁石，进而避免危险的发生。数百年来，灯塔以其特有的功能，成为海事安全的保护神。

礁石

⊙史实链接

灯塔的起源历史悠久，特别是在一些沿海国家，对于灯塔的发展十分重视。四千多年前，我国进入夏朝，古人就懂得利用碣石指引船舶安全航行，称为"碣石"示险。据古书《尚书·禹贡》记载，"岛夷皮服、炎右碣石入于河"。书中的"碣石"是地名，巨礁险石就是中国远古时期的天然灯塔。相传，在当时，也有人叠石以警示过往船只。

我国的海岸线狭长，因此古代为了保证渔民、船舶安全，常常建造灯塔。

我国古代的灯塔多达三四百座，为我国古代的海运做出了卓越的贡献。我国灯塔的原始雏形带有十分浓烈的神话气息。相传宋朝，在福建湄州岛上有个叫林默娘的女孩，不但熟习水性，还洞晓天文气象，能够预测天气变化。当航船通过湄州岛附近海域的时候，她会在山顶上举火把为信号，引导渔舟、航船航行，避开危险。有时候，航船遇上危险，林默娘还会救助遇难者。林默娘神通广大，能够事前告知是否能够出航，引导航船避风浪、过险滩。为了感恩林默娘的恩德，航船的水手们把举火把的林默娘当成是救苦救难的妈祖娘娘，妈祖也成为历代船工、海员和渔民共同信奉的神祇。人们把林默娘举着火把导航的行为当作灯塔的雏形。现在，在我国东南沿海广泛流传灯塔与妈祖娘娘的故事。渔民或船员在开船之前要先祭妈祖，祈求航海过程中顺风和安全，祭奠妈祖也成为了中国特有的航海文化。

海上灯塔

唐代贾耽著有《古今郡国县道四夷述》，书中记载：“国人于海中立华表，夜则置炬其上，使舶人夜行不迷。”文中所描述的华表，就是灯塔，说明我国的灯塔在唐代已经应用于海上，使舶人在夜间行驶也不会迷失航向。

在清朝的雍正年间，陈伦炯正式创立灯塔。陈伦炯是苏松水师总兵，他创立灯塔，是为使黑夜收风船只望为准绳。此后，粤海关在广州的大浪石和三浪石都建造一座塔高为7米多高的圆形石质灯塔，由于使用的是红色常明灯，黑夜中可照亮6里，当夜幕降临的时候，灯火明亮，指引船舶在黑夜中航行。

妈祖像

不止我国有灯塔，国外也有灯塔。国外的灯塔起源于古埃及的信号烽火，世界上最早的灯塔建于公元前7世纪，像一座巨大的钟楼。人们为了给航船指引航向，日夜燃烧木材，利用火焰和烟柱作为助航的标志，给过往的船只指明正确的方向。

古代灯塔

⊙古今评说

自从人类涉足航海后，航船在沿海、江河中都可以轻易寻找到灯塔的踪影。世界上的所有的海洋国家都非常重视灯塔的作用，在不同的历史时期，相继建造了各具特色的灯塔。虽然灯塔形状不同，但作用都是一样的，那就是为航船导航，使船只安全绕过险滩暗礁。

在古代，航船出海因为不熟悉海况和地理环境，时常出现航船触礁、搁浅沉没的情况。于是，船舶的安全成为航海者担忧的问题。但灯塔的出现改变了这一现状，灯塔不但是航海的导航者，也是船员安全航行的忠实守望者。如今，“灯塔”还在继续发挥着它的作用。除此之外，有些灯塔也成为观光旅游的景点。值得一提的是，灯塔已经成为世界上公益事业的崇高象征。海洋界把“燃烧自己、照亮人间”赞誉为“灯塔精神”！

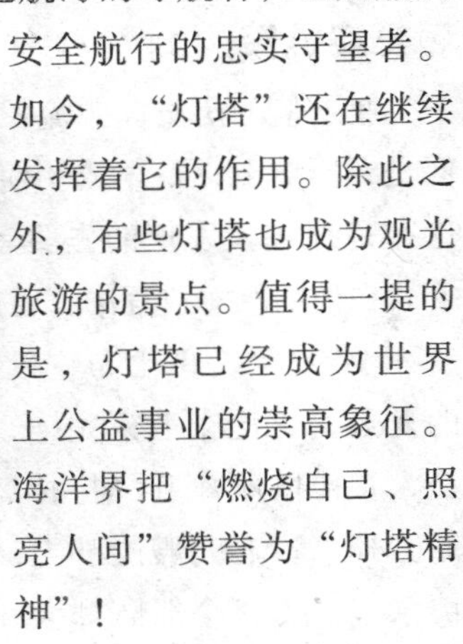

埃及金字塔

瓶子信

⊙拾遗钩沉

瓶子信，顾名思义是密封在瓶子里的信。瓶子信在海水中随波漂流，是靠海水进行邮寄的一种特殊通信工具，也有人把瓶子信称之为漂流瓶。

这种靠海水进行邮寄的“瓶子信”，经常出现在世界各地的大海里，成为一种高雅的通信方式。人们把信件装在密封的瓶子里，然后扔到海水中，瓶子随着海水的流动而漂流四方。邮寄瓶子信的大多是在海上遇难的船员、游览者。不过，随着时代的发展，科学的进步，近年来，海洋工作者也利用瓶子信来传递有关的信息，为了给绘制海图提供资料，海洋工作者还用瓶子信来测试海水的流向。此外，人们也会运用瓶子信来进行鱼群动向测报，引导渔船捕鱼。如今，瓶子信已经不再是单一的通信方式，它随着社会的发展，被赋予了更多的功能和意义，也表达了人们对于海洋的寄托之情。

⊙史实链接

瓶子信的历史渊源流长，人们已经很难找出最开始使用瓶子信的时代了。但是在历史上，最早成功使用“瓶子信”的是西班牙著名的航海家哥伦布。哥伦布是地理大发现的先驱者，他自幼热爱航海冒险，从小立志要做一个航海家。在他的航海过程中，曾成功地使用瓶子信进行信息传递。

1492年，哥伦布率领探险船队到达美洲的华特林岛进行考察。第二年的夏天，哥伦布考察完毕，准备从海地岛海域向西班牙返航，但意想不到的是，在船队刚离开华特林岛不久，天气突变，情况十分危急，巨大的风暴向船队扑来，有几艘船甚至被海浪打翻了，沉入了深渊。船长看到这样恐怖的情景，以为整个船队都会在这场突如其来的风暴中走向死亡，于是，十分悲壮地对哥伦布说：“我们将永远不能踏上陆地了。”哥伦布叹了口气，他想如果自己万一不幸葬身鱼腹，那么他所做的考察就毫无意义了。于是哥伦布告诉船长："我们可以消失，但资料却一定要留给人类。"于是，哥伦布重新钻进船舱，不顾颠簸，在最短的时间内迅速地把最珍贵的资料缩写在几页纸上，并且把纸卷好，然后塞进一个玻璃瓶里，密封起来。随即，哥伦布把瓶子抛进了波涛汹涌的大海之中。哥伦布希望能有人捡到瓶子，并把信交给西班牙皇后伊萨伯拉，信里还还绘制了一张美洲地图。

航海家哥伦布

幸运的是，这次风暴并没有给哥伦布的船队带来毁灭性的打击。哥伦布和他的大部分船只在这次海上风暴中死里逃生，幸运地度过了一劫。哥伦布回到西班牙后，他不停地派人到海滩上寻找当初抛出去的那个漂流瓶。但十分遗憾的是，直到哥伦布离开人世，这个神奇的漂流瓶也没有被找到。

直到1852年，距离哥伦布发出瓶子信已经过去了整整359年，这封特别的"瓶子信"才在直布罗陀海峡被一位美国船长捞了起来。在阔别359年之后，瓶子信终于重新开启，这可以说是世界上邮寄时间最长的信了。

在太平洋上的尼瓦福岛，由于周围的海底存在着巨大的珊瑚礁，船只无法靠岸。因此岛上的居民要传递信息必须靠类似于瓶子信的方式。邮船到了附近海域的时候，将邮件装入锌罐里随即投入水中，然后岛上会派出游泳能手将浮在海水上的锌罐取回。他们也用同样的方式把岛上的邮件寄出。

⊙古今评说

在漫长的历史中，由于通信技术的不发达，人类为了方便通信，充分运用了各种自然力量，发明和创造了多种形式的通信方式，瓶子信就是其中的一种。在世界各地的海洋里经常会发现瓶子信，它们大多是海上遇难船员发出的类似于遗言类的信件，也有出于好玩的旅游者所发出的瓶子信。

尽管科学在向前发展，但是瓶子信依然在航海中广为流行。这种运用自然力量进行通信的方式并没有随着时代的发展消失，反而不时地被一些人所运用，并且还在发挥它们一定的作用。

简　书

⊙拾遗钩沉

简书，顾名思义是刻在竹简上的书信，是我国古代的一种通信工具。在蔡伦没有发明造纸术之前，为了方便书写，古人用削成狭长的竹片作为书写的材料，在竹简上刻字，人们把这种竹片称为简，用竹简写成的书称为简书。

简书指的是竹木简书，这种竹简是我国古代传世最早的墨迹之一。简书除了传递信息之外，还成了书法艺术，促进我国书法的发展。近年来我国考古事业取得很大的成就，大量的竹木简书相继出土，呈现在世人的面前，成为现代人研究古代书法墨迹的新途径。出土的大量简书中，多以汉简为主。简书的出土冲破了魏晋唐人的蕃篱，使书法从“碑”、“帖”的窠臼中脱离出来，使人们认识到一种新的书法存在方式。

竹简是战国至魏晋时代的书写材料，是削制成的竹片制成的，竹片形状狭而长，称为简。而如果是用木片作为材料制成的，就称为札或牍，但统称为简。一般人们多数使用的是竹简。人们之所以用竹片作为书写材料，是因为竹子经冬不凋，而且在竹片上方便刻字，便于保留下来。一般是使用兽骨或刀具等工具在竹片上刻字，之后也发展成为用毛笔在竹片上面写字。

敦煌莫高窟

由于竹子挺拔、俊秀，自古以来深受到人们的喜爱，在古代的诗词歌赋里面，以竹子为对象的不在少数，人们常常以竹为乐，借竹抒怀。在我国湖南长沙、湖北荆州、山东临沂和甘肃敦煌等地都有过竹简的重要发现，其中在居延出土过编缀成册的东汉文书，竹简。东汉文书竹简多用竹片制成，每片竹片上面写有一行字，文书是将一篇文章的所有竹片编联起来，称之为“简牍”。简书是我国古代最早的书籍形式，多用于书写短文。

⊙史实链接

简书的历史悠久，始于殷末周初（公元前12世纪~前11世纪）。在我国的古书中，就有关于“简书”的记载。简书最早是用兽骨在竹片刻上文字。在简书最初的发展时期，被用来传递官府紧急文书。由此可见，简书也与我国古代邮驿密切相关，邮驿是有了简书才发展起来的。

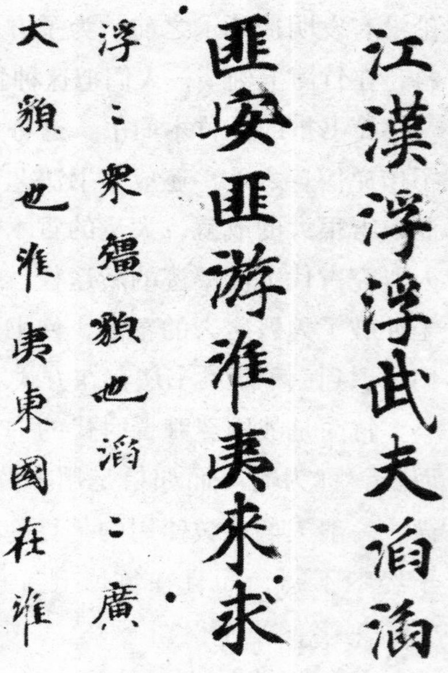

简牍起源于西周，春秋战国时使用更广，竹简是研究战国文字和西汉书法的重要资料。到了秦代的时候，造纸术还没有出现，因此关于书籍的记载、信息的传递主要用的是竹简，文吏随身都会带着一把小刀，用来刮去竹皮或削去竹简上写错的字。简书书写的字体一般为汉隶或汉隶的变体，简书在秦汉和魏晋时期达到高度发展的阶段。因此，人们也把简书称为汉简。在北周时期，就在甘肃居延地区发现了东汉时期的简书。近代我国最先发现的古简是魏晋简。在我国古代，戍卒中还有专门分工制简的人，简书的发展已经开始出现了规模化。简书最初是通信的文书，但之后，也成为了我国古代书法艺术的载体。

唐抄本《诗经》

汉简对于后世书法的影响很大。汉代是我国书法艺术进入个性化表现的时代，因此简书作为一种独特的书法表现形式，用笔大胆率意、任情恣性，将汉字结构中的平衡对称、统一变化发挥到了极致，因此，简书除了是一种通信工具之外，还形成了一种独特的书法艺术，突出展现了我国书法艺术不拘一格的形式美。李商隐曾经在《筹笔驿》写下了“猿岛犹疑畏简书，风云长为护储胥”的诗句，以此来表达对简书的深爱之情，从李商隐的诗句中，我们也能想象出简书的高古不群、神圣凛然。

古代竹简

⊙ 古今评说

简书是我国古代信息通信的一种方式，也是我国古代书法艺术形式中的一种。随着造纸术的发明，简书已经消失在我国历史中。但是在当前，随着简书的出土，人们对于简书发生浓厚兴趣，简书正被更多的人所认识，引起广大学者、专家、书法艺术家的重视。简书的审美价值已多于通信价值。

简书对中国当代书法艺术产生了广泛而积极的影响。在历朝历代的书法艺术作品之中，简书不但激荡着战国各大家的思想，还表现了魏晋儒士的翩翩风骨，成为书法艺术高古、朴茂的代表。

邮　驿

⊙拾遗钩沉

邮驿也称驿传，是我国古代官府的主要通信方式。我国古代驿站主要是递送文书，其传递方法以轻车快马为主，因此把骑马送信的通信方式称为邮驿。

在我国古代，封建王朝为了加强与各地的联系，巩固统治，常常要与地方官府之间互通文书、政令、公函等文件，还要传递重要的军事情报。由于我国疆土辽阔，古时交通不便，人们要到达下一个地方常常靠骑马。于是官方在路上修建一条交通大道，称为驿道，在驿道上每隔一段距离，官府都会设置一个站头，叫“驿”，也就是驿站，驿站上备有马，叫做“驿马”。官府派专人负责管理驿站，饲养着驿送文书的马匹。驿站是我国古代专们供传递政府文书的人中途换马或休息、住宿的地方。在汉代，有“驿”、“邮”两种称呼。“邮”是建在主要通道上的驿站，也称为邮亭。官府每三十里就设置一个邮亭，邮亭的性质和驿站一样。我国把骑马送信的通信方式称为邮驿。

驿使在传递文书途中，每到一个驿站，都要换马再赶路，天黑了就在驿站住宿，这也就大大加快了文书传递的速度。对于紧急文件，驿使每天以几百千米的速度传递，中途常常要累死好多匹马，称为“加急”，有“五百里加急”、“八百里加急”之说，以此来说明邮驿的速度之快。

古时候的驿站

⊙史实链接

我国的邮驿历史源远流长。自从人类出现以后，为了方便交流，就出现了各种不同形式的通信活动，包括声传和视传。奴隶社会已经发展成为早期的声光通信和邮传。据甲骨文记载，商朝时就已经有了邮驿，周朝时进一步得到了完善，官方建立了专门传递文书的驿站，同时为了实现快速、准确的通信，加强管理，还建立了一套较为完整的驿邮制度。在秦始皇统一六国之后，把驿站作为国家的行政机构确定下来。

驿站在政府掌管下，利用固有道路或开辟专门要道并设置馆舍、驿站、人员、车马的场所。古代的邮驿，每当遇到紧急公文要传送时，送信的驿使扬鞭催马，可利用驿马一站接一站地调换，迅速前进，朝夕可行150多千米，以让公文迅速抵达。随着邮驿制度的发展，到了唐朝时期，已有驿站1639所。唐朝是邮驿的鼎盛时期，也为唐朝的发展做出了重要贡献。在“安史之乱”中，安禄山在范阳起兵叛乱的消息就是通过驿传传递出去的。范阳和长安相隔1000多公里，只用了仅仅六天时间就把这个重要的军事情报传递到唐玄宗。由此可见，邮驿速递之快。唐朝时候，邮驿通信的组织和速度已经达到很高的水平，每天可行五百余里。唐代诗人岑参写下了“一驿过一驿，驿骑如星流。平明发咸阳，暮及陇山头”的诗句，正是对当时邮驿发达、传递信息迅速的生动写照。唐朝的邮驿除负责通信外，还接待过往的官吏和宾客，为他们提供食宿和车马。

⊙古今评说

邮驿制度不但是我国古代交通的重要组成部分，也是我国古代重要的通信手段。因为古代用马传送称“驿”，用车传送称“传”，因此人们常常把骑马送信统称为了邮驿。邮驿始于春秋战国，到秦汉时期已经达到了较为完备的水平，在唐朝时候更是得到了大力发展。 邮驿制度在我国各个朝代一直传递了下来，方便了文书的传递，更促进了我国古代通

秦始皇画像

信的发展。随着交通工具的改善，邮驿到清朝中叶才逐渐衰落，之后被邮局等新式通信方式取代。

我国是世界上最早建立有组织传递信息系统的国家之一。在古代，传递公文、军政大事等重要的官方信息传递都是靠邮驿，相当于现在各地方的办事处、接待办、招待所、宾馆。如今人们为了纪念古代这一通信方式，在嘉峪关火车站广场，放着一个“驿使”雕塑，驿使手举简牍文书，驿马四足腾空，速度飞快。它取材于嘉峪关魏晋壁画墓，是当时邮驿的真实写照。

驿使图

二、通信工具

电 报

⊙拾遗钩沉

电报是19世纪初发明的一种通信业务，也是世界上最早利用电磁进行通信的方法，之后在世界上得到普及。电报的使用加快了通信行业的发展，开启了世界通信业的一个新纪元。

电报主要是用作传递文字讯息。早期的电报还存在着一定的局限性，由于技术并不十分发达，因此只能在陆地上进行电报通信。到了后来，随着信息通信技术的发展，使用了海底电缆，电报才能把通信范围从陆地跨越海洋，开展了越洋服务。到了20世纪初的时候，人们已经开始使用无线电来进行拍发电报，这一突破性的做法，使得电报业务不但跨过了海洋，还能使信息基本上抵达世界上大部分国家和地区。

自动电报机

以前的公众电报主要是通过电话线路来进行信息传递的。电报的通信比较简单，一般是由专业的电报人员使用电报机进行发报，把要发送出去的电报内容记录在纸条上（穿孔纸带），然后将纸条传送到自动发报机上，信息就能够转化为电报信号，并通过电报机快速地送到对方电报室。如果对方要回复电报，同样以穿孔纸带的方式进行回复，然后电报人员会派专人送到用户手中。

⊙史实链接

自从电出现以后，人们开始进行了电的研究。在1753年的时候，当时人们对于电的研究还只停留在静电的阶段上。这个时候，有一个叫摩尔逊的人发明了一种机器。这种机器是利用电磁感应的原理，用26根导线通电后进行信息传输。其中，26根导线就是代表着26个英文字母。但由于这种机器需要的导线太多，设置庞杂，并且传输距离有限，因此没有得到推广。但也有很多人认为，这是电报的雏形。

世界上公认发明电报的人是塞缪尔·莫尔斯，但他不是科学家，也不是物理学家，而是一名成功的画家。这在人类发明史上是十分奇特的。莫尔斯曾经两度赶赴欧洲留学，学习肖像画和历史绘画，并成为当时公认的一流画家。在1826年至1842年，莫尔斯还担任美国画家协会主席。

真正使莫尔斯走上发明电报道路，源于一次平常的旅行，它彻底改变了莫尔斯的人生轨迹。1832年10月，一艘满载旅客的邮船“萨丽号”，从法国的勒阿弗尔港驶向纽约。在途中，船受到风暴的袭击，在波峰浪谷中颠簸，而此时莫尔斯正在船上。等风暴过去之后，莫尔斯询问船长，当船遇到风暴时，有什么办法使船不受到影响?船长说，“毫无办法!，只能听天由命了。”船长的回答让莫尔斯久久回味，因为历经了风暴，莫尔斯明白了作为一个人的力量是多么渺小。的确，在无边无际的大海之中，当遇上大自然的风暴时候，一艘船、一个人实在太渺小，难以跟大自然抗衡。

在这次旅途中，莫尔斯结识了波士顿城的一位医生杰克逊，杰克逊是一位电学博士。两个人攀谈起来，杰克逊自然而然的话题转到电磁感应现象上。听完杰克逊的话，莫尔斯完全地被电迷住了。之后，莫尔斯有了一个十分大胆的想法，那就是放弃绘画事业，转而投入研究电对于信息的作用中。之后，经过苦心专研，莫尔斯发明一种用电传信的方法——电报，并于1844年5月24日，在美国华盛顿的联邦最高法院会议厅里，第一次进行电报发收试验。年过半百的莫尔斯在预先约定的时间，兴奋地向巴尔的摩发出人类历史上的第一份电报，电文是：“上帝创造了何等奇迹。”这是世界上第一封发出的电报。

电报之父塞缪尔·莫尔斯

⊙古今评说

电报登上了历史舞台之后，使世界通信史翻开了崭新的一页。电报主要是用作传递文字讯息的工具，大大加快了消息的流通，是工业社会的一项重要发明。电报的发明，揭开了电信史上新的一页。电报的传播速度快，改变了以往人们进行消息流通的渠道。

现在电报基本上已经被淘汰了，世界上各地电信公司早已没有了电报科这个部门。随着手机、电话、电脑等即时通信的发展，电报业务就一路下滑，如今在世界上已经难寻电报的踪影了。

电 话

⊙拾遗钩沉

电话是目前世界范围内广泛使用的一种通过电信号进行双向传输话音的通信设备。“电话”的英文为telephone，音译成中文为德律风，电话一词是日本人生造的汉语词，我国沿用日本的译法，把这种通信设备叫做电话。

电话问世以来受到了社会各界的关注，人们对于这种能够进行双方通话的方式感到很新奇。在电话刚发明出来的时候，并没有像现在那样方便，完善。最初的电话机是一种磁石式电话机，主要由微型发电机和电池两部分构成的。人们打电话的时候，使用者要用手摇的方式，对电话机进行拨号，然后通过微型发电机把电信号发出，从而呼叫对方，进行通话。磁石式电话机是电话机的最初形态，通信设备构成简单，一条电线、两部话机即可实现通信联络。由于磁石式电话机多用于一对一的通信联络方式，而且通信可靠、安全保密性好。随着越来越多的科技产品面世，淘汰了很多落后的通信产品，但磁石式电话机却是一种特殊的存在，并没有随着通信技术的改变消失在人们的视线中。直到近日，磁石式电话机仍然广泛应用于军事野战、建筑施工等领域，成为重要的通信工具。

磁石式电话机

⊙史实链接

电话的起源历史悠远，早在公元968年，中国古代就发明了一种叫“竹信”的东西，人们通过这种工具进行双向交流。但当时电并没有发明，它被认为是今天电话的原始雏形。欧洲对于远距离传送声音的研究渊远流长，许多人都致力于研究电话。最原始的电话机是在1861年出现的，当时德国一名教师发明这种能够利用声波原理实现短距离通话的电话机，但无法投入使用。此后，在1876年3月10日，亚历山大·格拉汉姆·贝尔发明了电话机以后，电话机才真正投入使用，并且逐渐成为人们进行信息通信的必需品。通常人们认为贝尔是电话的发明者，但对于谁才是真正的电话发明者，历史上一直存在着争议。

贝尔是一个发声生理学的教授，在声学和电学领域贡献卓著，曾获得30多项专利。在一次聋哑人的“可视语言”实验时，贝尔发现当电流通过和阻断时，螺旋线圈会发出一种噪声。于是，贝尔想到可以通过电这种介质输送声音，从而进行传递。此后，贝尔和他的助手沃森特开始进行电话的实验。经过不断地研究，他们做出了两台电话的样机。样机的构造很简单，是在圆筒底部蒙上一张薄膜，对着它讲话时，薄膜会受到相应的振动，在薄膜的中央连接一根炭杆，并且把炭杆插在硫酸液里产生电阻，薄膜的振动会导致电阻发生变化，然后电流也会发生变化，产生变化的声波，从而实现了声音的传送。为了提高声音的灵敏度，贝尔还在样机上增加了音箱。1876年，贝尔在美国专利局申请电话专利权。从此，电话很快在北美各大城市盛行起来，并且在短时间内迅速地风靡全球。

电话之父贝尔

然而，贝尔并不是唯一发明电话的人。2002年美国国会决议确认安东尼奥·梅乌奇为电话的发明人。梅乌奇对电生理学很感兴趣，并研究出用电击治疗疾病的方法。在一次治疗中，梅乌奇通过连接两间病房的电线，听到了隔壁房间说话的声音，由此，梅乌奇研究出了一种“会说话的电报机”装置，这部类似于电话机的装置是通过一种会振动的膜片使电磁铁的线圈电流发生改变，从而还原通话。梅乌奇发明“会说话的电报机”那一年，贝尔才只有2岁。但梅乌奇并没有申请专利，因为申请专利需要一笔资金，梅乌奇过着穷困的日子无力支付。直到2002年，美国国会才确认他为电话的发明人。

⊙古今评说

虽然对于电话是由谁发明的问题上存在着争议，但毋庸置疑的是，电话的发明改变了人们的信息交通方式。这无疑是通信技术发展史上的一大突破。

贝尔发明的电话机超越了复杂的莫尔斯电码方式，并经过改进和发展，达到普通百姓能够掌握、使用的程度，宣告了人类进入新的信息时代。

随着新材料的开发，交换技术的发达，传呼方式的变化和因特网电话的发展等，电话成为了现代社会的通信必需品，在世界范围内广泛使用。

发明家梅乌奇

鸡毛信

⊙拾遗钩沉

20世纪50年代有一部著名的儿童影片，名叫《鸡毛信》。大家一定想了解“鸡毛信”的来历。鸡毛信是我国抗日战争时期的的一种传递紧急情报的特殊邮件，由华北地区军民所创造。因为在信封上粘有鸡毛，表示信件十万火急，因此称为鸡毛信。

鸡毛信在我国历史中也存在过。在我国古代，官府对需要紧急传递的文书上面插上鸟类羽毛，以示紧急。后来，羽毛就演变成为鸡毛。如今，我国现存的唯一的鸡毛信实物，是从河北省仙翁寨在抗日时期发出的。那时候，在仙翁寨周围地区，共产党、国民党进行通信联系普遍使用鸡毛信，鸡毛信有信封，一般没有邮戳，司令部发出的信封有邮戳，为长方形，由专人投送。之后仙翁寨鸡毛信普及开来，人们进行通信联系不管大事小事都使用鸡毛信。

⊙史实链接

鸡毛信历史悠久，起源于“羽檄”。羽檄是我国古代征调军队的文书，又叫做“羽书”。我国古代有专门的人员传递文书，但有些文书十分紧急，便在文书上面插鸟羽来表示，使人容易区分，迅速把这样的信件进行传递。古书有关于羽檄的记载，《汉书·高帝纪下》里写道：“吾以羽檄征天下兵。”

汉书

羽檄开始插的是鸟类的羽毛，但到了到太平天国时期，便插上了鸡毛，这就是鸡毛信的由来。电影《鸡毛信》的故事的主人公是一个叫海娃的孩子，他的爸爸是民兵队长，而他则是儿童团的团长。海娃每天在山上放羊作为掩护，实际上是站岗放哨。有一天，老赵得到一张攻打炮楼的路线图，他就写了一封信，准备把信交给八路军的张连长，以便攻下日本鬼子的这个炮楼。老赵在信上插了三根鸡毛，把信交个海娃。海娃看到鸡毛信，知道这封信十分重要，就利用赶羊作为掩护，到三王村给张连长送信。可是海娃在路上碰到了鬼子，为了不让鬼子搜到鸡毛信，海娃灵机一动，把信藏在了老头羊的大尾巴里，瞒过了鬼子。鬼子看上了海娃的羊群，于是抓住了海娃和羊群。海娃拿着鸡毛信想逃走，不料被敌人抓住，跟着鬼子回龙门村。为了摆脱鬼子的控制，海娃把敌人带进了八路军和民兵的监视哨，那是一条崎岖的山路。鬼子的骡马不能爬陡峭的山坡，海娃乘机拼命地往山上爬，在鬼子快要抓住海娃的危急关头，山顶上的八路军发现了鬼子，并开始射击，终于歼灭了敌人，海娃也得救了，他把鸡毛信交给了张连长，圆满完成了任务。张连长马上带了战士赶去炸掉炮楼，为民除害。

⊙古今评说

鸡毛信是我国抗日军民发明的特殊信件。在抗日战争时期，共产党的抗日

海娃巧送鸡毛信

武装用鸡毛信传送紧急信息。从鸡毛信的产生可以看出，抗日时期我国军民的的特殊智慧，在没有先进的通信设备的时期得以快速传递重要信息。

鸡毛信为我国研究抗战历史增加了一份历史依据，时至今日，鸡毛信已经不再使用，但人们依然铭记它在抗日战争时期所发挥的重要作用。

传真机

⊙拾遗钩沉

传真机是一种通过记录形式进行复制的的通信设备，是一种传送文字、图表、照片等图像的电报通信方式。传真机自问世以来就受到人们的普遍欢迎，至今依然成为各机构、企业必备的办公设备。

传真机是一种应用扫描和光电变换技术，把文件、图表、照片等静止图像转换成电信号的通信设备，主要应用于文字和图像的传送。不同类型的传真机在接收到信号后的打印方式是不同的。目前，市场上主要销售两种传真机，一种是热敏纸传真机，主要是通过热敏打印头将热敏材料熔化变色，生成文字和图形；另一种是激光传真机，主要是利用碳粉附着在纸质上而生成文字和图形的一种传真机。

传真机其实是影像扫描器、调制解调器及电脑打印机的一种合体，三者的作用加起来就成了传真机。传真机主要由传真图像输入系统、传真图像输出系统、调制解调电路等部分组成。其中，传真图像输入系统的作用就像一台影像扫描仪，传真图像输出系统的作用像一台电脑打印机，调制解调电路则发挥着调制解调器的作用，完成传真信息的调制发送、接收解调和线路切换。传真机在进行传真任务的时候，扫瞄仪会把要传真的文件的内容转化成数码影像，调制解调器则把影像资料透过电话线进行信息传送，再通过打印机把影像变成复印本。为了方便对接，有些传真机设有并行接口，可将传真图像输出至计算机或打印机。

现代传真机

⊙史实链接

传真机虽然是近20年才在世界范围内开始广泛使用的通信工具，但是它的发明构思却形成在

150多年前。在电报问世之后，科学家们开始致力于传送图片的研究。传真技术诞生于19世纪40年代，比电话的发明还要早30年。1843年，英国发明家亚历山大·贝恩就发明了传真机，传真机的原理就受到了国家的专利保护。相对于其他通信设备而言，传真机的工作原理比较简单。首先将需要传真的文件放在传真发送机上，通过机械或光电扫描的技术，经V.27、V.29方式调制后转成音频信号，然后通过传统电话线进行传送，接收方的传真机接到信号后，通过电光逆变换过程会将信号复原后打印出来，这样，就收到一份原发送文件的副本。传真机按照发送功能分为传真电报、真迹电报和相片电报等等。

虽然传真机在1843年就已经发明，但由于传真通信一百多年来发展较为缓慢，因此一直没有在世界上普及。1907年，法国的爱德华·贝兰经过三年废寝忘食的研究和试验，终于获得了成功，并公开表演了图像传真，宣告了传真电报的诞生。之后，爱德华·贝兰还制造出一部手提式传真机，这也是世界上第一部用于新闻采访的传真机。20世纪20年代，传真通信技术才逐渐发展并且快速成熟起来。到了20世纪60年代以后，传真通信技术得到了较大突破，人们开始重视传真机的应用。随着时代的不断发展，特别是在近二十年来，传真机作为一种通信工具，在世界范围内广泛流传。普通的传真机是将文件画面上黑白深浅不同的图像变换为强弱不同的电信号送至对方，目前出现了网络传真的方式，也称为电子传真。顾名思义，网络传真是指通过互联网这一特殊的网络介质进行文字或图像的发送和接收，并且是在没有传统传真机的基础上进行的一种新型传真方式。

传真机发明家贝兰

⊙古今评说

随着社会的不断发展和进步，传真机作为一种通信传递工具，与其他的信息传递工具相比，具有方便、快捷、准确和价格低廉等优点。因此，传真机也成为如今各个企业、事业单位必不可少的通信工具。

随着科学技术的发展，在传真通信方面取得了较大的成功和突破。为了更好地在社会上普及，传真机价格随着社会的发展而大幅降低，也因此进入了寻常百姓家。

传呼机

⊙拾遗钩沉

传呼机是现代的一种通信工具，人们也把传呼机叫做BP 机、寻呼机、BB机等，简称为呼机。在手机还没有流行之前，寻呼机凭借其小巧的外形、方便的通信，在20世纪末的时候广为流行。

在当时，人们以拥有一个传呼机为骄傲。使用传呼机的人们能够方便快捷地进行相互间的通信和联系，因此寻呼机备受人们青睐。实际上，寻呼机使用的是一种无线寻呼系统，它是一种没有话音的无线选呼系统，类似于单向的广播。无线寻呼系统较为复杂，它是由基站和若干个外围基站、数据电路、寻呼终端以及寻呼机多个部分组成。而寻呼机在整个无线寻呼系统中主要是作为终端的用户接受机，因此寻呼机通常由超外差接收机、解码器、控制部分和显示部分组成。

寻呼机外形小巧，便于携带，人们常常把寻呼机别在腰间。由于寻呼机在收到信号后会发出音响或产生震动，并显示有关信息，人们常常用它来呼叫对方，因此简称呼机。寻呼机一共有两种接收方式，一种是人工汇接，另一种是自动汇接，但这两种方式并不像手机一样能够自主接收，因此寻呼机需要靠对应的寻呼台来完成。寻呼台也有两种，一种是人工寻呼台，对应于人工汇接的接收方式，需要人工操作把这些信息编码然后经过发射机发出信号。另一种则是对应于自动汇接的自动寻呼台，根据来电话的线路号，自动查出寻呼人的电话号码并同时发送出去，

传呼机分为数字传呼机和中文传呼机两类，却受到了人们的喜爱。不同的是，数字寻呼机不能接收汉字，但数字传呼机价格低、实用。中文寻呼机则可以直接在寻呼机上面显示汉

传呼机

字，信息容易识别。

⊙史实链接

寻呼机产生于1948年的美国。在贝尔实验室，一款名为“带铃的仆人”的呼叫寻呼机诞生了，它的诞生促进了美国通信事业的快速发展，寻呼机的问世使人类进入一种无线寻呼的新时代。无线寻呼是一种单向选呼系统，能将寻呼机里的选呼信号发送给携带寻呼机的移动用户。

寻呼机进入中国是在1983年的时候，上海成立了我国第一家寻呼台，由此表示寻呼机正式进军中国市场。上海第一个寻呼信号是从华侨商店发出的。那时只有一个寻呼坐席，当时上海正在举办第五届全运会，寻呼台的开通是为了全运会服务。因此，在当时，寻呼机的用户并不多，只有30多个。

此后，上海作为全国第一个开通寻呼台的城市，又一次在全国率先开办了无线寻呼业务，并开通了汉字寻呼系统。上海的此举随着寻呼机的价格下降而受到了广大人民的欢迎。在寻呼机刚问世的时候，由于是新鲜玩意，因此价格昂贵，当时只有富人才使用。为了使寻呼机快速占领中国市场，价格一降再降。随着科学技术的成熟和社会需求的增大，传呼台如雨后春笋般遍地开花。到20世纪90年代末的时候，寻呼机已经是一个普及化程度很高的通信产品，随处可以看见人们常常把寻呼机别在腰间。1998年，全中国的寻呼机用户突破6546万，名列世界第一，寻呼机在大街小巷随处可见。

⊙古今评说

从传呼机开始的即时通信，将人们带入了一个没有时空距离的现代即时通信新时代。此外，我国无线寻呼的大力发展，不仅提高了人们的生活、工作效率，也方便了人们联络感情，突破了空间的局限。

天津老城博物馆

此后，随着手机以及新鲜的即时通信软件的普及，传呼机完成了它的历史任务，退出了通信的舞台。在传呼机正式退市之前，已经逐渐淡出人们的视线。移动通信技术的飞速发展，加快了传呼机的消失。但传呼机，作为20世纪末一种特殊的时空记忆，留在了人们的心里。2005年天津老城博物馆正式将传呼机收为馆藏，博物馆将其定为民俗类展品，这主要是因为它贴近百姓的生活，体现出了城市发展的轨迹。

大哥大

⊙拾遗钩沉

大哥大是手提电话的俗称，世界上第一部大哥大是马丁·库帕在1973年发明的。马丁·库帕是美国摩托罗拉公司的一位工程师，致力于通信技术的研究。

当大哥大出现在中国市场的时候，引起了很大的轰动，因为大哥大作为一种新兴的即时通信工具，价格昂贵。我国第一个拥有手机的用户，当年在购买大哥大上，不仅花费了2万元，还要缴纳6000元入网费。由此可见，大哥大最初问世的时候，只有少数的富人能够拥有。大哥大因为能够即时进行通信，而且使用方便，很快受到了当时富人们的青睐。大哥大与寻呼机并不相像，寻呼机小巧，能够别在腰间，而大哥大身躯庞大，像块黑色的板砖，人们只能够把它放在包里。但大哥大还是受到了很多商业街大哥级人物的喜爱。由于使用大哥大的人都是富贵级的大哥人物，物随主贵，大哥大也很快成为当时身份显赫的象征。人们以拥有一部大哥大为荣，开始了一种炫耀攀比式的消费。

大哥大只有黑色这么一种颜色，外形厚重，像一块板砖，重量达到了一斤以上，拿在手上并不方便。尽管如此，大哥大还是备受国人喜爱，人们常常有钱也难以买到大哥大。物以稀为贵，正是因为如此，更加深了人们对于大哥大的渴求。

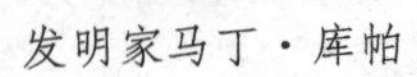

发明家马丁·库帕

⊙史实链接

大哥大是手提电话的一个别称，最早是摩托罗拉公司的工程师是马丁·库帕发明。摩托罗拉曾经是美国通信企业的巨头，在马丁·库帕和他带领的团队的努力下，终于在1973年4月3日，世界上第一部大哥大在位于纽约的摩托罗拉实验室里诞生。大哥大的诞生意味着一个新的通信时代的开始。

手提移动电话进入中国大陆之后，就被称为大哥大。人们之所以把手提移动电话称为大哥大，有两种说法。一种是在广东香港这一带讲粤语的地方，由于改革开发，这里的一部分人先富了起来，使用大哥大的人数就多了。人们常常把社会的帮会头目叫做大哥，把龙头老大叫做大哥大。使用手提移动电话的人物非富即贵，人们也就把手提移动电话叫做大哥大了。另一种说法是，当时香港当红的武打明星洪金宝是较早拥有手提移动电话的人，当时他在片场当导演，手提移动电话从来不离手。洪金宝出道较早，是香港影坛大哥级的人物，人们尊称他为大哥，把他手中的移动电话叫做大哥大。不管大哥大的称呼是出自哪种说法，毋庸置疑的是，当时人们对大哥大的渴望之情，并且以拥有一部大哥大为荣。如今时间已经过去十几年，“大哥大”这个专有的名词在我们的日常交际中已经消声匿迹。

大哥大正式进入中国市场是在1987年，广东为了与港澳实现移动通信接轨，率先建设模拟移动电话。摩托罗拉也正式在北京设立了办事处，推销大哥大业务。当时刚刚推出的大哥大，只能够打电话，没有别的功能，而且通话质量不够清晰，常常要说话人大声喊出来。大哥大的电池十分不耐用，即使充满了一块大电池，最多也只能维持30分钟通话。虽然如此，大哥大在中国大陆还是非常紧俏，很多人有钱也难以买到一部大哥大。在物价尚未上涨的当时，一般要花25000元才可能买到和使用上大哥大。大哥大价格之高，让不少人望而却步。因此大哥大成为当时社会身份、地位和财富的象征。

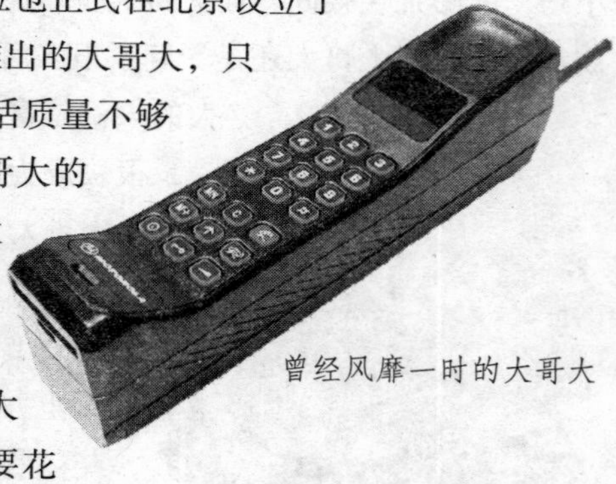

曾经风靡一时的大哥大

⊙古今评说

大哥大是中国走向开放的通信介质之一，它的我国的畅销促进了我国通信事业的快速发展。大哥大的出现，意味着中国步入了移动通信时代，成为加速人们信息沟通和社会交往的重要工具。大哥大出现在人们视线中的时间并不长，只有短短的几年时间即销声匿迹。随着现代通信技术的飞速发展，手机等小巧灵便的通信工具很快代替了大哥大的地位。如今，这种曾经风靡一时的通信工具早已远离了人们的视线，但大哥大还是存在于人们的记忆之中。

手 机

⊙拾遗钩沉

移动电话，中国大陆地区称之为手机，早期又称大哥大，目前已发展至4G时代，是能在较为广泛的空间内使用的便携式电话终端。

1973年4月某天，任职于美国著名的摩托罗拉公司的一位工程技术人员在纽约的街头，拿出一个大概有两块砖头大的无线电话并打了一通电话，此举引起路人的停留注意。此人就是手机的发明者马丁·库帕。

这也是世界上第一部移动电话，是马丁·库帕打给在贝尔实验室工作的正研制移动电话但尚未成功的对手的。到2013年4月，手机已经诞生了整整40周年了，科技人员之间的竞争和创新已使手机遍地开花，带给我们极大的便利。在摩托罗拉工作了29年后，74岁的马丁·库帕在硅谷创办了自己的通讯技术研究公司，成为这个公司的董事长兼首席执行官。在摩托罗拉与AT&T（AT&T也是美国的一家通信大公司）的角逐中，支持前者的马丁·库帕当时的举动除了想让媒体知道这个小小的移动通信手机的巨大价值外，也希望能引起美国联邦通信委员会的兴趣。

美国电子工业基地硅谷

⊙史实链接

事实上，往前追溯手机的概念，就会发现早在20世纪40年代美国最大的通信公司贝尔实验室就开始试制手机了，那是1946年，贝尔实验室造出了第一部体积极大的移动通信电话，但是研究人员并没有多加留意，只是随手放在实验室的架子上，逐渐就淡忘了。

在通信技术方面，现代手机有了长足的进步。第一代模拟手机是靠频率的不同来区别不同用户的不同手机，其实库帕打的世界第一部移动电话，就是使用任意的电磁频段。而第二代手机——GSM系统则发展成靠极其微小的时差来区分用户。时至今日，由于频率资源极其不足和手机用户的呈几何级数增长的态势，CDMA技术应运而生，主要靠更新的、编码的不同来区别不同的手机。应用这种技术的手机可称得上“绿色手机”，不但通话质量和保密性更好，还能减少辐射。

最早发明手机的是摩托罗拉公司。第二代手机（2G）是在全球范围内使用最广的，除了可以进行语音通信外，还能收发短信、无线应用协议等，也都以数字制式的欧洲的GSM制式和美国的CDMA为主。而在中国大陆和台湾则正在向第四代手机（4G）迁移中，普及应用GSM制式，CDMA手机也很盛行。旧称为手提电话、手提、大哥大，是可以在较大范围内移动使用的便携的电话终端。而电话键盘部分，手机除了典型的电话功能外，还有PDA、游戏机、MP3、照相机、摄影、录音、GPS、上网等多种的功能，有向带有手机功能的PDA发展的趋势。而电话的口承、耳承和相应的话筒、听筒都装在单个把手上。

有分析估计，虽然现今手机的安全产品基础防护功能比较完备，但未来在防骚扰、隐私保护和数据保护方面仍有较大的发展空间。同时，如今众多手机安全厂商的产品采取免费模式，不久的将来将会在已经形成一定用户规模壁垒与“基础安全底层服务+平台+内容”中作出抉择。

手机分为智能手机和非智能手机，一般智能手机的主频较高，运行速度快，性能比非智能手机好，但大多数和智能手机一样采用英国ARM公司架构的CPU的非智能手机比智能手机稳定，尽管它的主频比较低，运行速度也比较慢。

CDMA

⊙古今评说

据《经济学人》杂志报道，2006年全球共有10亿人购买了新手机，即使在阿富汗，使用手机的人数也从2001年的2万人增加到2006年底的130万人。

可以明显看出，手机用户数量正在激增，全球新兴经济体每天新增的手机用户达120万。在中国，将近1亿的农民工都是使用手机与在老家的家人保持联系。手机为使用者带来了更为自由、安全的空间，也极大提高了生产率，从方方面面都改变着社会。

电子邮件

⊙拾遗钩沉

电子邮件（简称E-mail，标志：@），即电子信箱、电子邮政。它的服务在Internet应用最广，是一种用电子手段提供信息交换的通信方式。用户通过网络的电子邮件系统，可以把文字、图像、声音等的电子邮件用非常低廉的价格（不管发送到哪里，都只需负担网费即可）以非常快速的方式（几秒钟之内可以发送到目的地）发送给世界上任何一个角落的网络用户。

⊙史实链接

1971年，美国国防部资助的阿帕网遇到了一个非常尖锐的问题，因为参与此项目的科学家们在不同的地方做着不同的工作，使用的是不同的计算机，所以不能很好地分享各自的研究成果，每个人的工作对别人来说都是没有用的。因此他们迫切需要一种解决方法，它能够借助于网络在不同的计算机之间传递数据。后来毕业于麻省理工学院的阿帕网员工RayTom linson博士发明了将一个软件可以在不同的电脑网络之间进行拷贝的方法，并把一个仅用于单机的通信软件进行功能合并，将它命名为SNDMSG。他使用这个软件在阿帕网上发送了第一封电子邮件给另外一台电脑上的自己来进行测试，自此第一封电子邮件诞生了。尽管Tom linson已经记不起邮件的内容，但仍然没法抹杀它的历史意义。因为“@”符号比较生僻，不会出现在任何一个人的名字当中，而且这个符号的读音也有着“在”的含义，Tom linson选择了它作为用户名与地址的间隔。对于这个惊天动地的创举，阿帕网的科学家们都举双手表示赞赏。通过这个快得难以置信的电子邮件，他们终于能与同事分享他们天才的想法及研究成果了。阿帕网获得巨大成功里也有一部分原因在于电子邮件。

电子邮件的基本原理，是通信网在一个高性能、大容量的计算机上设立“电子信箱系统”。用户能在作为信箱存储介质的硬盘上分得一定的存储空间，并设

ARPANET由BBM team成立于1969年

立一个属于自己的、确定一个用户名和可以自己随意修改口令的电子信箱。存储空间分为存放所收信件、编辑信件以及信件存档三部分，用户可以通过软件和使用口令实行开启信箱、发信、读信、编辑、转发、存档等系统功能。

用户的通信是通过信箱进行的，开启自己的信箱之后，键入命令将需要发送的邮件发到对方的信箱。收方使用特定账号从信箱提取以达到收信的目的。在信箱之间，也可以与另一个邮件系统达到邮件的传递和交换功能。

⊙古今评说

使用简易、投递迅速、收费低廉，易于保存、全球畅通无阻的电子邮件被广泛地应用，极大地改变了人们的交流方式。另外，电子邮件可以群邮，进行一对多的邮件传递。电子邮件因其在整个网间网以至所有其他网络系统中直接面向人与人之间的信息交流，以及数据发送方和接收方都是个人，满足了大量人群的需求，极大地提高了人与人沟通的能力。

电子邮件传送信息的速度和电话一样快，又能像信件一样使收信者在接收端收到文字记录，很好地综合了电话通信和邮政信件的优点。电子邮件因其既可利用任何通信网传送又可利用电话网络，还可利用其非高峰期间传送信息的特点，被看作是一种由中央计算机和小型计算机控制的面向有限用户的计算机会议系统，有非常特殊的商业价值。

三、通信技术

光纤通信

⊙拾遗钩沉

光导纤维可简称为光纤。光纤通信的信息载体是光波，所谓光纤通信，就是以通信为目的，利用光纤来传输携带信息的光波。从原理上看，光纤、光源和光检测器是构成光纤通信的主要物质要素。除了通过制造工艺、材料组成以及光学特性等对光纤进行分类外，在应用中，也常常按用途对光纤进行分类，并且可分为通信用光纤和传感用光纤。传输介质光纤又可以分为通用与专用两种，而用于完成光波的放大、整形、分频、倍频、调制以及光振荡等功能的则称为功能器件光纤。总而言之，光纤经常以某种功能器件的形式出现。

光纤通信的出现，至今不过只有30~40年的发展历史。它作为一门科学技术，使得世界通信的发展状况产生巨大的变化，预计其深远影响将不断持续，为世界创造更多的财富。

根据高锟的文章，美国康宁玻璃公司在1970年，通过改进型化学相沉积法（MCDV法），制造业世界上第一根低耗光纤。这一成果使得光纤通信的发展更为迅速。

虽然当时康宁玻璃公司制造出的光纤很短，只有几米长，衰耗约20dB/km，且质量低下，使用几个小时之后就会破损坏掉，但它毕竟证明了完全有可能用科学技术与工艺方法研制出通信用的超低耗光纤，也就是说找到了理想传输媒体来实现低衰耗传输光波，这在光通信研究领域中具有本质性的突破。

光导纤维

世界各发达国家自1970年以后，就开始注入了大量的人力与物力，展开对光纤通信的研究。让人们意想不到的是，其研究规模极其巨大，并且来势迅猛，大大提高了光纤通信技术的发展步伐，并取得了极其惊人的进展。

⊙史实链接

在20世纪60年代中期以前，为创造传送光波的媒体以实现通信，人们专心致志、不辞劳苦地研究过光圈波导、气体透镜波导、空心金属波导管等，但最终由于它们消耗能量大，制造成本过高而无法投入使用。也就是说传输光波的理想传送媒体，历经几百年人们始终没有找到。

在PIEE 杂志上，英籍华裔学者高锟博士（K.C.Kao）于1966年7月发表了《用于光频的光纤表面波导》这篇非常有名的文章，该文设计了通信用光纤的波导结，并从理论上分析证明了用光纤作为传输媒体，有可能实现光通信（即阶跃光纤）。更重要的是他科学地预言了超低耗光纤制造的通信具有实现的可能性，即加入适当的掺杂剂，加强原材料提纯，光纤的衰耗系数可以降低到20dB/km以下。而当时世界上只能制造出衰耗在1000dB/km以上的光纤，且制造出的光纤只能用于工业或医学方面。人们认为制造衰耗在20dB/km 以下的光纤，就像是一个遥不可及的梦。但低衰耗光纤的出现，证明了高锟博士文章的理论性和科学大胆预言的正确性，所以该文为光纤通信的发展奠定了厚实的基础，被誉为光纤通信的里程碑。

光纤之父高锟

使光纤通信成为爆炸性竞相发展的导火线，是于1970年，根据高锟文章的设想，美国康宁玻璃公司用改进型化学相沉积法制造出了当时世界上第一根超低耗光纤。

⊙古今评说

发展历史只有一二十年的光纤通信是现代通信网的主要传输手段，已经历经短波长多模光纤、长波长多模光纤和长波长单模光纤三代。通信史上最重要的革命性变化就是开始采用光纤通信。美、日、英、法等20多个国家致力于发展光纤通信，已宣布不再建设电缆通信线路。中国光纤通信也进入实用阶段。

电信史上的的一次重要革命即光纤通信的诞生和发展，是20世纪90年代可以与卫星通信、移动通信相提并论的技术。进入21世纪后，由于因特网业务的迅速发展和音频、视频、数据、多媒体应用的增长，更加迫切需要大容量（超高速和超长距离）光波来运用于传输系统和网络。

利用光波作为载波来传送信息的光纤通信，是为实现信息传输而以光纤作为传输介质，从而达到通信目的的一种最新通信技术。

不断提高载波频率来扩大通信容量是通信的发展过程，因为光是一种频率极高的电磁波，其光频作为载频已达通信载波的上限，因此用光作为载波其通信容量非常大，与过去的通信方式相比，要强千百倍，具有极大的吸引力，光通信是人们所盼望发展的技术，也是人们早就追求的目标，因此也成为通信发展的必然方向。

数字微波通信

⊙拾遗钩沉

可以用来传输电话信号、数据信号与图像信号的数字微波通信技术，它在微波频段通过地面视距传播进行数字信息传输。与数字微波通信相对应的是它的前身——主要用来传输模拟电话信号和模拟电视信号的模拟微波通信，它是基于频分复用技术的一类多路通信体制。

数字微波中继通信是早期的数字微波通信，它是一种无线通信手段，即在微波频段利用视距和中继的方法进行数字信息的传输。近十几年来，无线通信得到很大的发展，一些新的传输方式也相继产生。但是根据一般的理解，数字微波通信是在微波频段通过地面视距传播进行数字信息传输的一种无线通信手段，它既包括点对点数字微波，也包括点对多点数字微波。

但它不是卫星通信，不是散射通信，也不是移动通信。提高QAM调制级数及严格限带是目前数字微波通信技术的主要发展方向。现已多采用多电平QAM调制技术，主要是为了使频谱利用率得到提高，目前已达到256和512QAM，1024/2048QAM的目标很快就可实现。

采用复杂的纠错编码技术，可以降低系统误码率，但因此会降低频带利用率。对此可采用网格编码调制（TCM）技术来解决这个问题。需利用维特比算法解码才能采用TCM技术。在高速数字信号传输中，这种解码算法的应用难度比较大，因此应当使用适应时域均衡技术。使用高性能、全数字化二维时域均衡技术可进行多载波并联传输，同时减少码间干扰、正交干扰及多径衰落的等影响。同时多载波并联传输可使发信码元的速率显著降低，减少并降低传播色散的影响。要使瞬断率降低到原来的1/10，可以运用双载波并联传输，也有其他技术，如发信功放非线性预校正、多重空间分集接收、自适应正交极化干扰消除电路等都具有积极作用。

⊙史实链接

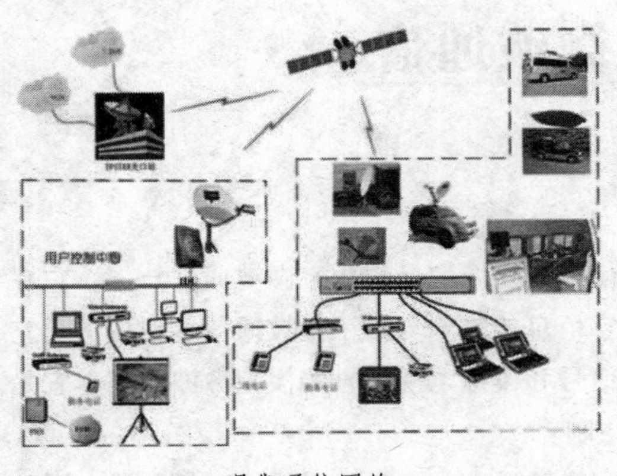

现代通信网络

作为无线通信手段的微波通信技术问世已半个多世纪，它是在微波频段通过地面视距对信息进行传播的一种技术。最初都是以模拟的方式制作微波通信系统，作为通信网长途传输干线的重要传输手段，它的传输系统与当时的同轴电缆载波传输系统相同。例如我国城市间的电视节目就是依靠微波作为载体进行传输的。20世纪70年代起完成了对中小容量（如8Mb/s、34Mb/s）的数字微波通信系统的研制，这是通信技术由模拟向数字发展的必然趋势。20世纪80年代后期，随着逐渐推广运用传输系统中的同步数字系列（SDH），大容量数字微波通信系统N × 155Mb/s的SDH也相继出现了

现在，现代通信传输的三大支柱就是数字微波通信和光纤、卫星。除了在传统的传输领域外， 随着数字微波技术的不断发展，人们越来越重视数字微波技术在固定宽带接入领域的运用和发展。同时，在发达国家已大量使用28GHz频段的LMDS（本地多点分配业务），这预示数字微波技术已渗入人类日常生活领域，仍将拥有良好的市场前景。

⊙古今评说

在电信领域，微波通信作为现代化必不可缺的通信手段之一，相对其他通信方式来说，微波通信的建设周期短，具有很强的抗自然环境异常变化性能，对灾害的抗拒能力也非常强；不容易遭受人为的破坏。

数字微波通信具有两大技术特征：它所传送的信号具有综合传输的性质，其统一数字流是按照时隙位置分列复用而成的；它进行信息传送是通过利用微波信道，拥有很宽的通过频带，大量的数字电话信号可以复用，电视图像或高

速数据等宽带信号可以进行传送。数字微波（模拟微波也如此）通信可以按直视距离设站（站距约50千米），这是由于微波电磁信号按直线传播，因此，建设起来比较简单容易。数字微波通信的优越性更体现在丘陵山区或其他地理条件比较恶劣的地区仍然可以进行信息传输。可以说，数字微波通信在整个国家通信的传输体系中，是不可或缺的辅助通信手段。

卫星通信

⊙拾遗钩沉

1957年，自苏联发射第一颗人造地球卫星以来，通信广播、电视等领域就广泛运用人造卫星。开始利用静止卫星的商业通信始于1965年第一颗商用国际通信卫星被送入大西洋上空同步轨道。

简单地说，卫星通信就是在地球上（包括地面和低层大气中）的无线电通信站间，利用卫星作为中继而进行的。卫星和地球卫星站两部分共同组成了卫星通信系统。在微波频带，整个通信卫星约有500MHz宽度的工作频带，一般在卫星上设置若干个转发器，以便放大和发射全球、减少变调干扰。每个转发器约有36MHz或72MHz的工作频带宽度。

大西洋海岸

通信范围大是卫星通信的特点之一，若要使任何两点之间都可进行通信，只要覆盖在卫星发射的电波范围内即可实现，并且对陆地灾害的抵抗力很好，不易受其影响（可靠性高）。若想开通电路，只要设置地球卫星站即可，能同时可接收多处信息、广播、多址通信（多址特点），既经济又可靠。电路设置非常灵活，过于集中的话务量可随时分散；不同方向或不同区间（多址联接）可在同一信道使用。

按其运行轨道离地面高度，通信卫星可依次分为低轨卫星、中轨卫星、高轨卫星和静止轨道卫星4种。由于对地覆盖面积最大的静止轨道卫星，在地球卫星站跟踪卫星其技术与操作最简单，所以，大多数通信卫星都使用静止轨道通信卫星。

现今，主要使用的卫星通信业务有以下5种：卫星固定通信业务，即用于固定的地球卫星站进行卫星通信；卫星移动通信业务，即用于移动的卫星地球站进行卫星通信；卫星广播业务，即一般公众使用小型天线地球卫星站（接收装置）直接接收卫星广播电视节目；卫星地球探测业务，即广泛用于气象、海洋、资源、减灾等专业领域的服务；卫星定位导航业务，现已广泛运用于军事和日常生活。

⊙史实链接

利用人造地球卫星作为中继站转发或发射无线电信号，在两个或多个地球站之间进行的通信，被称为卫星通信。最早在1945年10月，由英国空军雷达专家克拉克提出了利用卫星进行通信的设想。他发表的著名“卫星覆盖通信说”，是根据在静止轨道（即倾角为零的同步轨道）上放置三颗卫星来实现全球通信的设想所形成。但是这一设想还不能让人们看到实现卫星通信的希望，直至苏联在

卫星通信

1957年10月4日成功地发射了世界上第一颗人造地球卫星，卫星通信才迎来了实现的曙光。美国于1963年，发射了第一颗同步通信卫星，对横跨大西洋的电视和电话传输进行了试验，卫星通信的实际应用问题被真正地解决了。通过这颗卫星，1964年在东京举行的奥运会的电视实况被成功地转播至美、欧、非三大洲。1965年4月6日，“晨鸟号”成功发射了，这是世界上第一颗商用通信卫星，一个崭新的卫星通信时代拉开了帷幕。

⊙古今评说

卫星通信已经成为了国家信息基础设施至关重要的组成部分，因为它具有覆盖面积大、传输容量大、可以进行远距离通信、高质量的通信、组网灵活快速并且费用与通信距离无关等优点，并且在现今信息时代的通信中，起着地面通信不可替代的重要作用。

进入21世纪后，信息全球化以及互联网、数字多媒体通信的需求和信息个性化的需求不断增长，通信系统也正向着宽带化、个体化、移动化和无缝隙覆盖方向快速地发展起来。因为具有独特的覆盖面积大及无缝隙覆盖能力、特有的广播和多播优势、不被地理条件限制、快速灵活性与普遍服务能力、大区域的移动接收能力、广域互联网连接能力，卫星通信系统将会在当今信息化时代具有不可替代的重要作用，正因为如此，决定了卫星通信仍有广阔的发展前景，将会被长期继续应用。

移动通信

⊙拾遗钩沉

在 20世纪70年代末，第一代模拟移动通信系统面世了，至此移动通信产业便以迅猛的速度发展起来。所谓移动通信，是指通信双方有一方或两方处于运动中的通信。它包括的通信类型有：陆、海、空移动通信，低频、中频、高频、甚高频和特高频这些频段都被其采用，移动台、基台、移动交换局组成移动通信的系统。

移动通信与固定通信比较起来，具有一系列的特点：它具有移动性。因为它是无线通信，所以能够保持物体在移动状态中的通信；它的电波传播条件十分复杂，因为移动体将会在各种各样的环境中运动，所以电磁波在传播时，反射、折射、绕射、多卜勒效应等现象将会产生，并且也会产生多径干扰、信号传播延迟和展宽等效应；它被噪声和其他的干扰十分严重，汽车火花噪声、各种工业噪声，移动用户之间的互调干扰、邻道干扰、同频干扰等城市环境中所产生的这些干扰；它的系统和网络结构复杂。移动通信系统与市话网、卫星通信网、数据网等相互连接。所以说整个网络结构是十分复杂的，它要求频带利用率高、设备性能好。

移动通信技术与其他现代技术的发展一样，也呈现出不断加快的趋势，在目前正处于迅猛发展的时期， 但是人们已经开始展开了关于移动通信未来的讨论，纷纷出台了各种的方案。不用怀疑，移动通信系统在未来将会提供全球性的更加优质的服务，带给人们更加便捷的移动生活。

⊙史实链接

在20世纪20年代至40年代， 专用移动通信系统首先在短波几个频段上被开发出来，美国底特律市警察使用的车载无线电系统可以作为其代表。

公用移动通信业务在20世纪40年代中期至60年代初期开始问世。根据美国联邦通信委员会（FCC）的计划，贝尔系统于1946年在圣路易斯城，世界上第一个公用汽车电话网被建立了起来，称为“城市系统”。随后，西德（1950年）、法国（1956年）、英国（1959年）等国相继研制出了公用移动电话系统。人工交换系统的接续问题是由美国贝尔实验室解决的。专用移动网由此过渡到了公用移动网，为人工接续方式，网的容量较小。

美国在20世纪的60年代中期至70年代中期推出了改进型移动电话系统（1MTS）。大区制、中小容量被该系统所采用，实现了无线频道自动选择并能够自动接续到公用电话网。德国在当时也推出了具有相同技术水平的B网。

移动通信在20世纪的70年代中期至80年代中期蓬勃地发展了起来。美国贝尔试验室于1978年底，研制成功先进移动电话系统（AMPS），蜂窝状移动通信网因此被建成了，系统容量大大地提高了，成了实用的系统，在世界各地迅猛发展起来。蜂窝概念，可以说真正解决了公用移动通信系统要求容量大与频率资源有限的矛盾。

数字移动通信系统的发展，在20世纪的80年代中期开始日益成熟起来。以AMPS和TACS为代表的第一代蜂窝移动通信网是模拟系统。模拟蜂窝网在取得了很大得成功的同时，一些问题也被暴露了出来。例如，频谱利用率十分低，移动设备非常复杂，费用比较高，业务种类受到限制以及通话内容很容易被被窃听等，容量已不能满足日益增长的移动用户需求是其最主要的问题，开发新一代数字蜂窝移动通信系统是解决这些问题的有效方法。实际上，发达国家早在20世纪70年代末期，就已经开始着手数字蜂窝移动通信系统的研究。欧洲在80年代中期，首次推出了泛欧数字移动通信网（GSM）的体系，美国和日本在随后也制定了各自的数字移动通信体制。1991年7月，泛欧网GSM开始投入商用，当时预计将会在1995年覆盖欧洲主要城市、机场和公路。数字蜂窝移动通信在未来的十多年内，处于一个迅猛发展的时期，并成为陆地公用移动通信

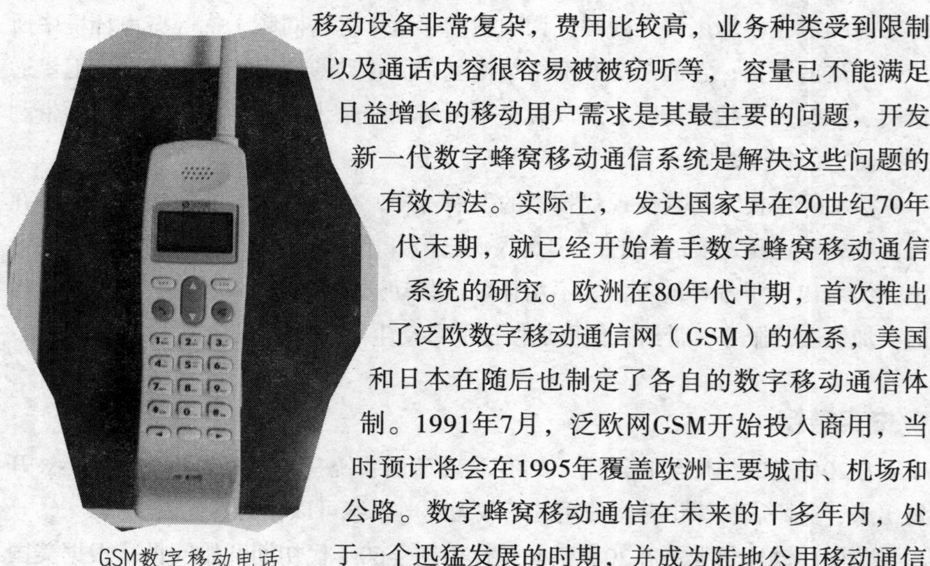

GSM数字移动电话

的主要系统。

至今，移动通信还在不断的发展当中，它给人类的生活带来了翻天覆地的变化，它符合了现代社会发展的需求，使人们的移动生活更加的方便、快捷。

⊙古今评说

第一代模拟移动通信系统在20世纪70年代末面世以来，移动通信产业的发展一直都是以超乎想象的速度进行的，在带动全球经济发展的高科技产业中，它已经成为了主要的“一员”，并给人类生活及社会发展带来了重大的影响。它不仅可以传送语音信息，而且可以将多种信息，随时随地、快速可靠地进行交换，在社会各个领域应用越来越广泛，在社会及经济发展中日益发挥着越来越重要的作用。

当前发展最迅速的通信产业当属移动通信产业，其系统类型越来越多。数字化，移动台的小型、轻量、低价格化，开发新频段，是移动通信现在的发展方向，成为以公众电信网为基础的全球统一的个人通信网是其远期的发展目标。其中，容量大、频谱利用率高、保密性强、绿色环保等是CDMA码分多址移动通信技术的一系列的优点，它给人们呈现出了强大的生命力，引起人们的广泛关注，成为第三代移动通信的核心技术。

图像通信

⊙拾遗钩沉

传送和接收图像信号的通信视为图像通信，包括静止图像（包括文字、图表、相片等）和活动图像（视频）的传输。利用光－电转换和扫描技术在发信端把图像变换成电信号，经过信道传输到收信端，经过与发信端相反的变换后达到图像再现，这是图像通信的原理。

图像通信不同于目前广泛使用的声音通信方式，被传送的不仅是声音，而且还有图像、文字、图表等这些看得见的信息，通过图像通信设备变换为电信号来进行这些可视信息的传送，并在接收的一端再把它们真实地进行再现。图像通信可以说是利用视觉信息的通信，或者我们也可以称它为可视信息的通信。

按照其内容的运动状态，图像信息可划分为静止图像和活动图像两大类。黑白二值图像（文字、符号、图形、图表、真迹、图书、报刊等）、黑白或彩色照片（人物像、风景像、X光片、工业和科技摄影图片等）、高分辨率照片（航空摄影照片、气象卫星云图、资源卫星遥感照片等）被包括在静止图像里面。运动景物连续摄取的图像被称为活动图像，如电影、普通电视、电缆电视、工业电视、可视电话、会议电视或最近发展起来的高清晰度电视（HDTV）等都是活动图像。

气象卫星云图

⊙史实链接

图像通信技术的发展经过了一段漫长的历程。英国A·拜因早在1843年便取得了传真发明的专利。图像传真在图像通信中也属于一项十分重要的通信。自从第一部实用的传真机在1925年被美国无线电公司研制出以后，传真技术就开始了它不断更新改革的历程。1972年以前，在新闻、出版、气象和广播行业该技术被广泛应用。传真技术完成从模拟向数字、从机械扫描向电子扫描、从低速向高速的转变是在1972年至1980年间，除代替电报和用于传送气象图、新闻稿、照片、卫星云图外，也被广泛应用于医疗、图书馆管理、情报咨询、金融数据、电子邮政等方面。

传真技术在1980年后向综合处理终端设备过渡，除承担通信任务外，图像处理和数据处理也是它所具备的能力，因此成为了综合性处理终端。静电复印机、磁性录音机、雷达、激光器等都是信息技术史上的重要发明。

促使图像通信技术迅速发展起来的是由于电磁波的发现。美国16岁的中学生菲罗·法恩斯沃斯在1922年设计出世界上首幅电视传真原理图，申请了发明专利是在1929年，因此被判定为第一个发明电视机的人。

光电显像管在1928年被美国西屋电器公司的兹沃尔金发明出来。兹沃尔金同工程师范瓦斯合作，最终实现了以电子扫描方式的电视发送和传输。美国纽约帝国大厦在1935年设立了一座电视台，并于第二年成功地把电视节目发送到70公里以外的地方。第一台符合实用要求的电视摄像机在1938年由兹沃尔金制造出来。

经过不断探索和改进的历程，美国无线电公司于1945年，制造出了世界上第一台三基色工作原理的全电子管彩色电视机。1946年，美国人罗斯·威玛又发明了高灵敏度的摄像管。日本人八本教授在同一年解决了家用电视机接收天线问题，一些国家从此相继建立了超短波转播站，电视因此迅速地得以普及。

美国纽约帝国大厦

⊙古今评说

图像通信作为当今通信技术中发展非常迅速的一个分支，其传送、存储、检索或广播图像与文字等视觉信息通过通信网络来进行，具有确切、高效和适应多种业务的特点。图像通信这门科学的发展，伴随着数字微波、数字光纤、卫星通信等新型宽带信道的出现，分组交换网的建立，以及微电子技术和多媒体技术的飞速发展，得到了有力的推动。越来越多的新的图像通信方式因为数字信号处理和数字图像编码压缩技术而产生了。图像通信的范围在不断地扩大，图像传输的有效性和可靠性也在不断地得到发展和改善。

量子通信

⊙拾遗钩沉

在近二十年来，量子通信成了不断发展起来的新型交叉学科，这个新的研究领域是由于量子论和信息论的相互结合而产生的。量子密码通信、量子远程传态和量子密集编码等，这些是量子通信目前所主要涉及的技术领域。近年来，量子通信这门学科已慢慢地从理论走向实验，并逐步向实用化发展。

按常理来说，载体是信息在进行传播的过程中所必需的，但是量子通信却不需要载体来进行信息传递。量子隐形传送是量子通信的又一个称呼，“teleportation”一词是指一种无踪影的传送过程。由量子态携带信息是量子通信的通信方式，它利用了光子等基本粒子的量子纠缠原理，从而实现了保密的通信过程。量子通信作为一种全的新通信方式，它不再只是进行经典信息的传输，而传输的信息是由量子态携带的量子信息，是未来的量子通信网络的核心要素。

量子通信

量子信息是被量子隐形传送进行传输的，这一过程是量子通信的最基本过程。基于这个过程，人们提出了实现量子因特网的创新构想。用量子通道来联络许多量子处理器是量子因特网的工作方式，这样量子信息的传输和处理可以同时被实现。量子因特网具有安全保密特性，可实现多端的分布计算，有效地降低通信复杂度等，与经典因特网相比较，量子因特网有着一系列的优点。

⊙史实链接

C.H.Bennett在1993年提出了量子通信的概念。在同一年， 经过来自不同国家的6位科学家，利用经典与量子相结合的方法实现量子隐形传送的方案被提了出来。这个方案是指：某个粒子的未知量子态将被传送到另一个地方，在该量子态上制备另一个粒子，而留在原处的仍然是原来的粒子。将原物的信息分成经典信息和量子信息两部分，它们分别经由经典通道和量子通道传送给接收者，这是其基本的思想。发送者对原物进行某种测量从而获得了经典信息，而发送者在测量中未提取的其余信息便是量子信息；在获得这两种信息后，原物量子态的完全复制品就可以被接收者所制备出来。该过程中传送的不是原物本身，而仅仅是原物的量子态。对这个量子态，发送者甚至可以一无所知，而别的粒子将被接收者处于原物的量子态上。纠缠态的非定域性，在这个方案中起着十分重要的作用。量子隐形传态不仅仅只是在物理学领域对人们认识与揭示自然界的神秘规律具有重要意义，而且信息载体还可以用量子态来作为大容量信息的传输，通过量子态的传送来完成，原则上不可破译的量子保密通信因此得以实现。

中国量子领域科学家潘建伟

留学奥地利的中国青年学者潘建伟在1997年与荷兰学者波密斯特等人进行合作，首次实现了未知量子态的远程传输。这是在国际上，成功地将一个量子态从甲地的光子传送到乙地的光子上的首次实验。实验中传输的并不是信息载体的光子本身，而只是表达量子信息的“状态”。

经过了一段漫长的发展历程，到2012年，量子通信已经开始从理论走向实验，并将向实用化发展。

⊙古今评说

量子通信作为一门新兴交叉学科，是由经典信息论和量子力学相互结合而形成的，具有巨大的优越性，具有保密性强、大容量、远距离传输等特点，是量子通信与成熟的通信技术相比更胜一筹之处，也是21世纪国际量子物理和信息科学的研究热点。

在国防和军事应用方面量子通信有着无与伦比的广阔发展前景，超大信道容量、超高通信速率和信息高效率，是量子隐形传输的特点，而这些特点将满足建立军事特殊需求的超光速军事信息网络。

进入21世纪后，随着世界电子信息技术的迅速发展，以微电子技术为基础的信息技术即将达到物理极限，所以以量子效应为基础的量子通信，将成为引领未来科技发展的重要领域。

四、通信发展

莫尔斯发明电报机

⊙拾遗钩沉

俄国外交家希林制作出最先用电流计指针偏转来接收信息的电报机。经过3年的钻研后，美国画家莫尔斯终于在1835年成功地用电流的“通”、“断”和“长断”来取代人类之前用文字传送消息的方法，于是第一台电报机问世，鼎鼎大名的莫尔斯电码由此而来。1837年6月英国青年库克则获得了第一个电报发明的专利权。

⊙史实链接

自古以来，除去因外敌入侵、边城告急的狼烟警报外，传递信息的最快办法是驿站快马传送文书，通信技术一成不变，停滞不前。17世纪中期，旗语盛行，尤其被英国海军推行。18世纪末，为解决海陆快速传送消息的困难，法国政府设置了信号机体系。

1832年秋天，一次大西洋航行中的偶遇改变了莫尔斯的命运。在一艘邮船上，美国医生杰克逊给旅客们讲电磁铁的原理，41岁的美国画家莫尔斯受到感染，并牢牢记住了他的话。他考虑到法国信号机体系的缺陷，就是每次只能在视力所及的范围内传讯数英里；假设用电流传输电磁信号，消息会不会在瞬间就传送到数千公里外？想到这，他果断放弃艺术，转而投身电学研究的领域。

电磁铁磁化现象

莫尔斯观测到，在电线中流动的电流被突然截止时会迸发出火花，由此浮想联翩，如果由三种电信号组合来代表全部的字母和数字，文字就可以通过电流在电线中传达远方了。他假设这三种信号分别是电流截止瞬间发出的火花，电流接通而没有火花，电流接通时间加长。

莫尔斯花费了几年来推敲，终于在1837年，利用“点”、“划”和“间隔”（实际上就是时间长短不一的电脉冲信号）的不同组合来表示字母、数字、标点和符号，这些著名且简单的电码被称为莫尔斯电码。

1844年5月24日，一批科学家和政府官员聚集在华盛顿国会大厦联邦最高法院会议厅里，全神贯注地注视着莫尔斯的操作。他亲手操纵着电报机，远在64公里外的巴尔的摩城收到一连串“点”、“划”信号发出的“嘀”、“嗒”声组成的世界上第一份电报。

电报机除了有线发送和无线发送两种，也分为人工和自动两种。人工电报机由人来控制电键，电键接点的开闭就会形成“点”、“划”和“间隔”信号，经电路传输出去，控制音响振荡器接到这种电信号后，就会产生出“嘀”、“嗒”声，“嘀”声为“点”，“嗒”声为“划”，收报端的收报员根据声音来收听抄报。

如果选择无线发送，那么发报端除了电键外，还必须有发射机，将电键发出的电脉冲信号变换成高频载波信号发送出去。接收端除了耳机外，还必须有接收机，将发射端发送的高频载波信号接收并变换成音频信号，方便收报员根据声音来收听抄报。

在使用自动电报机时，发报端需要用专用的凿孔机将准备发送的报文凿成可发送的穿孔纸带，然后用发射机发送出去。在收报端，需要使用可在移动的纸带上自动记录莫尔斯电码波纹信号的波纹收报机来收报。

⊙古今评说

1840年，莫尔斯取得电报机的专利权后，千方百计说服和劝诱对此抱勉强态度的国会，后以仅多于6票的结果，获得1843年度的3万美元拨款批准，架设一条从巴尔的摩到华盛顿超过70公里的电报线。1844年，此电报线修建并于同年投入运营。莫尔斯用自己发明的迄今被称为“莫尔斯电码”的点、划电报符号发出了第一份电报电文：“上帝创造了何等的奇迹！”电报的发明，方便各地气象资料的迅速传递和中心，为绘制当日天气图提供了条件。

贝尔发明电话

⊙拾遗钩沉

1876年3月10日，亚历山大·格拉汉姆·贝尔发明了电话机，并且普及成为生活必需品。电话机不断得到发展，人们普遍认为贝尔是电话的发明者。当初贝尔发明的电话是按照一对一的传输方式，可是经过了近代机械文明的催化，随着新元素的开发、发达的交换技术、多变的传呼方式和因特网电话的发展，电话成了现社会的生活必需品。

⊙史实链接

在莫尔斯电报发明后的20多年中，通信技术的发展前景刺激了无数科学家的探索，他们试图直接用电流传递语音，但电话不同于不连续通断信号的电报，它需要传递连续的信号，所以难度好比登天。贝尔认为发明电话是自己责无旁贷的，所以他曾尝试用连续振动的曲线来使聋哑人看出“话”来，但并没有成功。随后他发现，比较有趣的是，每次电流通断时线圈会发出类似于莫尔斯电码的“滴答”声。于是贝尔大胆假设，是否能用电流强度模拟出声音的变化以达到用电流传递语音的目的？为了一心投入到发明电话的试验中，他辞掉了教授的职务，两年内刻苦用功掌握了电学，并运用他自身扎实的语言学知识，使得试验如虎添翼。在万事俱备，只欠东风时，幸运之神眷顾贝尔，他偶然遇到了18岁的电气工程师沃特森。两年后，历经无数次的失败，他们才制成了两台圆筒底部的薄膜中央连接着插入硫酸的碳棒的粗糙的样机。样机通过人说话时引起的薄膜振动改变电阻以使电流变化，然后在接收处再利用电磁原理将电信号转换回语音。不幸的是，试验失败了，两人的声音并不是通过机器互相传递的，而只是公寓的天花板的传递作用。

他们不甘失败，绞尽脑汁，后来受到窗外吉他的丁冬声的启发，发现送话器和受话器的灵敏度太低。于是他们连续两天两夜改造机器，自制了音箱。

1875年6月2日傍晚，他们开始实验，最初沃特森只听到受话器里嘶嘶的电流声，后来贝尔“沃特森先生，快来呀！我需要你？”的清晰声音传到沃特森耳里。当时贝尔28岁，而沃特森只有21岁。事不宜迟，他们继续改进电话机，半年后，世界上第一台实用的电话机终于制成了。1876年3月3日（贝尔的29岁生日），贝尔向相关机构申请电话机专利，得到批准，专利号为美国174465。同一天的几小时后，另一位杰出的发明家艾利沙·格雷也为他的电话申请专利，可是比贝尔晚了一步，美国最高法院最终裁定贝尔为电话的发明者。

现代的贝尔实验室

回到波士顿后贝尔和沃特森继续改进电话机，同时不放过任何机会来宣传电话机。1878年，贝尔在波士顿，沃特森在纽约，两人在相距300多公里的两地首次进行了长途电话实验。他们与34年前的莫尔斯一样获得了巨大的成功。不同的是，他们别出心裁，通话现场举行了科普宣传会，双方的现场观众都可以互相交谈。尽管中途表演节目的黑人民歌手听到远方贝尔的声音而紧张得无法发声，但并不妨碍试验的圆满成功，因为贝尔的随机应变，让沃特森代替黑人民歌手，双方的观众都被沃特森鼓足勇气的歌声逗得笑声连连，掌声不断。

1877年，也就是贝尔发明电话后的第二年，在波士顿，设立的第一条电话线开通了，它使得查尔斯·威廉斯先生在萨默维尔的私人住宅里与他各个工厂之间的沟通更方便了。同一年，第一次有人打电话给《波士顿环球报》发送了新闻消息，由此开启了电话的公众使用时代。

⊙古今评说

最初，两根连接起来的铁丝便构成了每一对电话。然后，把电话线都集中到一个地点，称作交换台。后来能放大声音的真空管和在陆上及海底连接长距离的同轴电缆发明出来，就拓宽了电话的服务范围。真空管也逐渐被晶体管取代。到了20世纪60年代，随着通信卫星出现，地面长途线路被取消了。现在，人们彼此间的通话靠一束束的玻璃纤维发出的激光。慢慢地，电话的价值得到了大家的认同，它的功能也越来越多，家庭的装设需求也越来越大。因此，装设电话机的需求比比皆是，最后总机也因应需求出现了。贝尔电话因此得到不断发展，以这种非凡的气势一路发展。

爱迪生发明留声机

⊙拾遗钩沉

留声机又叫电唱机，是以声学方法将声音储存在唱片（圆盘）平面上刻出的弧形刻槽内的一种放音装置。运行时，置于转台上的唱片在唱针下旋转。留声机是1877年美国爱迪生的发明，因能比较方便地大量复制和放音时间比大多数筒形录音介质长而被誉为伟大的发明。

⊙史实链接

一次，爱迪生在实验室里研究改进在纸带上打印符号的电报机时，被电报机内的一种单调的声音吸引了。它实质是纸带在小轴压力下发出的。爱迪生由此得到启发，可以借助运动载体上深度不同的沟道来记录和回收声音。

除此之外，在另一次实验电话时，爱迪生找了一根针，竖立板上，用手轻

留声机

轻按着上端，然后对膜板讲话，发现了传话筒里的膜板随话声而震动，而且声音越高，颤动越快，声音越低，颤动就越慢。这个发现，更奠定了他发明留声机的决心。

根据电话传话器里的膜板随着说话声会引起震动的现象，爱迪生用短针做了试验，发现说话的快慢高低也能使短针产生相应的不同颤动。于是，他得到启发，也许反过来，这种颤动能发出原先的说话声音。这个假设促使他着手研究声音重发的问题。

1877年8月15日，画出草图后，爱迪生和助手开始制作留声机了，它主要由一个边上刻有螺旋槽纹的金属圆筒，一头装着曲柄的长轴和两根一头都装一块中心有钝头针尖的膜板的金属小管组成，金属圆筒按在长轴上，扭动曲柄，圆筒就会相应转动。最初，爱迪生让助手克瑞西按图样制出一个由大圆筒、曲柄、受话机和膜板组成的怪机器，经过无数次的改造，这台怪机器成型了，由此世界上第一台留声机诞生了。爱迪生回忆说："我大声说完一句话，机器就回放我的声音。我一生从未这样惊奇过。"

摇动着长轴旁的曲轴，爱迪生对着受话机唱起了歌："玛丽有只小羊

发明大王爱迪生

羔，雪球儿似一身毛……”几句唱过后，爱迪生把针放回原处，再轻轻地摇动曲柄。此时机器慢慢悠悠、一圈又一圈地转动着，重复着“玛丽有只小羊羔……”，简直与爱迪生刚才的歌声无异。碰到一这么一台会说话的机器，一旁的助手们都显出惊讶之色。

“会说话的机器”一诞生，便震惊了全世界。1877年12月，爱迪生公开表演了留声机，媒体便把它誉为19世纪最引人振奋的三大发明之一，而爱迪生被誉为“科学界之拿破仑·波拿巴”。即将开幕的巴黎世界博览会，将留声机作为时新展品展出。时任美国总统的海斯被吸引了，在留声前机逗留了2个多小时。

爱迪生清楚认识到刚刚问世的留声机还存有录音时间短、声音小且不够清晰的不足之处，于是一刻不停地投入研究工作。在留声机的话筒上，他加了一个喇叭形的音筒作为扩音器，用可以重复使用的蜡筒代替锡箔，在机箱里装上只要上紧发条就能自动录放的驱动机构。于是第二代留声机终于研制成功了。

纽约百老汇大街

1878年4月24日，纽约百老汇大街人声鼎沸，爱迪生留声机公司正式成立，以留声机和用锡箔包成的很多圆筒唱片配合在一起，出租给街头艺人。

⊙古今评说

1877年，美国人托马斯·阿尔巴·爱迪生发明的留声机，是世界上最早的录音装置。

同年12月6日，爱迪生的助手、机械工人约翰·克卢西制造出了世界上第一台样机，并用这台样机将爱迪生唱的《玛莉的山羊》录制下来。

赫兹验证了电磁波

⊙拾遗钩沉

1887年，年仅29岁的赫兹首先发现并验证了电磁波的存在。这个重大发现，不仅为无线电通信提供了理论基础，而且从电磁波的传播规律，验证了麦克斯韦关于光是一种电磁波的理论推测，确定电磁波和光波一样，具有反射、折射和偏振等性质。国际上因赫兹对电磁学的巨大贡献而采用他的名字作为频率的国际单位。

科学家赫兹

⊙史实链接

1885年赫兹被授予卡尔斯鲁厄大学正教授资格，在那里他发现了电磁波的存在。

柏林大学

在柏林大学跟随赫尔姆霍兹学物理时，当时的德国物理界深信韦伯的电力与磁力可瞬时传送的理论，而且受赫尔姆霍兹的鼓励，赫兹开始研究麦克斯韦电磁理论，并决定以实验来证实韦伯与麦克斯韦理论，分辨谁的正确。根据麦克斯韦理论，电扰动能辐射电磁波。同时根据电容器经由电火花隙会产生振荡的原理，赫兹设计了一套电磁波发生器。这个发生器是将一感应线圈的两端接于产生器二铜棒上，电火花隙之间会因感应线圈的电流突然中断时产生的高电压产生火花，刹那间电荷经由电火花隙在锌板间的振荡，频率高达数百万周。按照麦克斯韦的理论，此火花应产生电磁波，赫兹于是设计了弯成圆形的一小段导线且线的两端点间留有小电火花隙的简单检波器来探测电磁波。

根据原理，电磁波因在小线圈上产生感应电压而使电火花隙产生火花，赫兹坐在检波器距振荡器10米远的一暗室内，发现检波器的电火花隙间确实有小火花产生。赫兹为检测入射波与反射波重叠产生的驻波，在暗室远端的墙壁上覆盖了可反射电波的锌板，并以检波器在距振荡器不同距离处侦测加以证实。他将求出的振荡器频率和以检波器量得的驻波波长乘积得出电磁波的传播速度。1888年，赫兹的实验成功了，正如麦克斯韦预测的一样，电磁波传播的速

著名科学家麦克斯韦

著名科学家法拉第

度等于光速，麦克斯韦理论也得到证实正确。实验得出，电磁波具有被反射、折射和如同可见光、热波一样的被偏振的性质，而且由振荡器发出的平面偏振波的电磁波的电场是平行于振荡器的导线，而磁场垂直于电场，且两者均呈垂直的传播方向。1889年赫兹在一次著名的演说中，明确指出光是一种电磁现象。1896年，意大利的马可尼首用电磁波传递讯息。1901年，马可尼将信号成功地送到大西洋彼岸的美国。

20世纪无线电通信发展更为惊人。赫兹实验不但验证了麦克斯韦电磁理论的正确性，而且为无线电、电视和雷达的发展开辟了新的方向。赫兹由1881年迈克尔逊的实验和1887年的迈克尔逊·莫雷实验推翻了光以太存在的实验得到启发，将新的发现纳入麦克斯韦方程组。通过实验，像詹姆士·麦克斯韦和迈克尔·法拉第预言提及的，他证明了电信号是可以穿越空气的。这一发现奠定了无线电发明的基础。除此之外，他还注意到带电物体被紫外光照射时会很快失去它的电荷因而发现了光电效应。

⊙古今评说

赫兹用自制的简单检波器不仅验证了麦克斯韦的高深的电磁场理论，还从容解答了1879年赫尔姆霍兹提出的悬赏难题，因此荣获柏林学院的科学奖。从此，电磁波的存在得到了人们的认可。

假如我们把电磁理论的建立比喻成一座雄伟的大厦，无可否认，法拉第奠定了这座大厦的坚实地基，麦克斯韦在法拉第的基础上建成这座大厦，赫兹则装饰完善了这座空空的大厦，使它被人们广泛认可和使用。人们以赫兹的名字来为物理学和数学的一些概念命名，而且用来作为频率的单位，借此纪念这位年轻有为的科学家为全人类做出的功绩。

第一代小型机PDP I

⊙拾遗钩沉

美国数字设备公司（DEC）于1960年，将属于它的第一台计算机PDP-1的样机推向了市场。这台计算机是一种人机对话型的计算机，它拥有十分低的售价，低廉到仅仅是当时一台大主机的零头，并且其拥有比较小的体积。PDP-1的推出，成功地把DEC公司带进了计算机行业里面，一片崭新天地就此被开辟了出来。自此，DEC公司在计算机行业扎下了它的根，开始蓬勃地发展了起来，辉煌了一时。

全世界第一台PDP-1（程序数据处理机）在1961年的夏天，被安装到了TX-0的隔壁，一切就在此时发生了实质性的改变。PDP-1有冰箱那么大的体积，它和显示屏一起，被组装到了一个落地框架里面，这样的组合在当时的计算机行业里面是空前的。尽管PDP-1的内存仅仅是9K字节，只能进行每

程序数据处理机1号

秒10万次的加法运算，和当时的大型计算机是无法相比的，但是，由于它只需要12万美元的售价，和当时需要动辄数百万美元才能买到的大型计算机相比，它的优势是显而易见的。对于PDP-1来说，至关重要的一点是，它真正把自己交到了用户的手中，编程者可以通过键盘、显示器同它对话，都是非常便利的。

⊙史实链接

数字设备公司于1957年8月，在马萨诸塞州梅纳德镇的一家建于19世纪的8500平方英尺的毛纺厂里挂牌，“DEC”为其企业名称的英文缩写。由于当时的社会形势，DEC公司在自己的招牌上并没有存在“计算机”的影子，其主要进行对磁芯存储器的“实验室模块”——一种晶体管化的逻辑组件进行生产并测试。但第一台全晶体管电脑于1959年夏装配完成，被取名为“程序数据处理机”，PDP-1为其简称。

美国数据设备公司（DEC）推出的小型机PDP-1（“可编程数字处理机”，

麻省理工学院

1959）也是最早的带有CRT显示器的计算机，首批PDP-1机中的一台被送到了了麻省理工学院（MIT）。 MIT的学生们开始了为PDP-1机进行编制程序，最早且最杰出的程序——一个游戏程序被他们编制了出来。1962年，S·拉塞尔编制出了一个名为“太空战”的简单的游戏，其他学生很快地对拉塞尔的程序进行了改进。此后，这台PDP-1机在绝大多数时间里都是在运行这个游戏程序。为了能够更加方便地玩游戏，MIT的A·考托克和B·桑德斯两人发明了至今在游戏机上还被广泛采用的操纵杆。MIT于1962年在公众面前对“太空战”游戏进行了展示，这在当时引起了巨大的轰动，人们改变了计算机与大众无关的这种看法，由此计算机开始不断地与大众接近。很快“太空战”游戏在PDP-1机上流行了起来，DEC公司甚至也采用了“太空战”程序，配置给它的用户。

黑客时代的滥觞开始于1961年，是因为MIT出现了第一台电脑DEC PDP-1。MIT的Tech Model Railroad Club（简称TMRC）的Power and Signals Group在购买了DEC公司生产的第一台计算机 PDP-1之后，PDP-1成为了它最时髦的科技玩具，由此开始出现了各种编程工具与电脑术语，整个环境与文化一直延续发展到了现在。

⊙古今评说

PDP-1于1959年12月，被搬进了波士顿饭店的展览厅进行展览。PDP-1仅是一台冰箱的大小，它并不需要人们安装在恒温并且防尘的机房里面， 在价格方面，它仅仅只相当于IBM机器的一个零头。虽然PDP-1仅仅只是比以前制造的逻辑模块略为先进，但它作为一种能处理多种事务的计算机，是不可否认的事实。并且它带有属于自己的键盘和显示器（CRT），机器处理数据的全过程用户都可以清楚地观察到。但是，PDP-1内存容量仅仅只有9KB，如果以现在的目光来看的话，说它是一项伟大科技发明是不切实际的，在功能方面，它不能与大中型机相比，同时也根本无法与今天的PC机相媲美，可是在那个时候，能有这么小而便宜的计算机是谁也不曾想到的。

研究开发出小型机PDP-1的数字设备公司（DEC）， 曾经是世界上最成功的电脑厂商之一，在当时的计算机行业是其他的公司无法比拟的。虽然它拥有

40多年的辉煌， 但与电脑业中的许多公司一样，DEC公司在激烈的竞争中经历了许许多多的磨难，一度走在成功的巅峰，但最终它还是被其他公司兼并了。作为一家独立电脑企业的创新历程至此走完了，深深的遗憾和长久的思索留给了这一行业中的后继者。

第一颗通信人造卫星发射

⊙拾遗钩沉

1957年10月4日，在前苏联拜科努尔发射场成功地发射了世界上第一颗人造地球卫星“斯普特尼克1号”。虽然这颗卫星笨拙、噪音极大，只会在太空噼啪作响，但它标志着人类的活动疆域已经从陆地、海洋、大气层扩大到了宇宙空间，也标志着人类正式进入太空时代。人类从此打开天门，放眼宇宙。冷战气氛和与美国的竞争是“斯普特尼克1号”出现的关键原因。

宇宙

“斯普特尼克1号” 作为人类第一颗人造地球卫星，并没有什么特别复杂的构造。简而言之，它仅有61厘米的直径，重量为83.5千克，作为一个金属球状物，内含两个雷达发射器和4条天线，还有多个气压和气温调节器。它的作用就是通过向地球发出信号，对太空中的气压和温度变化进行提示。

⊙史实链接

为打击美国的导弹，当时前苏联正在进行研制一种可以携带一枚氢弹的导弹，即R-7型弹道导弹。由于携带弹头的重量未被告知，R-7型导弹的推力被制造得非常强大，与当时美国拥有的所有导弹相比，其推力更加强大。虽然当时导弹的推力与载荷能力不相匹配，作为众多的发射载体之一，却使这个导弹成为发射一件物品进入太空的完美且无可挑剔的载体。

由于冷战的持续以及与美国各方面的激烈竞争，导致研制斯普特尼克计划

东风31型洲际弹道导弹

出台并最终实施。当在研制中陷入关于弹头项目的决定这个困境时，前苏联国立喷气推进研究所副所长科罗廖夫抓住了机会，积极争取获得前苏联政府的允许，进行卫星发射这个机会。1957年1月，前苏联政府批准科罗廖夫的请求，进行卫星的研制与发射。军方把卫星当作玩具和科罗廖夫的“愚蠢空想”，特别是一些高级军官都主张保留导弹，用于军事项目，其他一概不做认真的对待。

科罗廖夫深知，即使前苏联已经有卫星开发项目，但距离完成项目还很遥远。所以，他命令手下项目组快速且简单设计一个易操作的卫星，也就是“斯普特尼克1号”。这颗重大约83.5千克的卫星在3个月内被制造完成，以铝合金作为材料，形状为球形，带有两个雷达发射器和4根天线。卫星发射计划变更是由于科罗廖夫认为美国可能会在5日发射一颗卫星，因此，卫星发射期决定由10月6日变更为10月4日。据报道，在当时的前苏联哈萨克斯坦草原上，“斯普特尼克1号”于10月4日发射升空。升空后的“斯普特尼克1号”发射了3个星期的信号，总共有3个多月在轨道中度过，围绕地球转了1400多圈，最后坠入大气层消失。

⊙古今评说

俄语名原意“旅行者”的“斯普特尼克1号”（俄语：Спутник -1，）又称“卫星一号”，是第一颗进入地球轨道的人造卫星。1957年10月4日，在拜科努尔航天中心发射升空。由于这时正值美苏争霸的特殊时期，“斯普特尼克1号”的成功发射影响了整个世界，在美国国内引发了斯普特尼克危机，华尔街甚至发生了小股灾。至此，太空竞赛在美、苏两国之间激烈展开。

由于“斯普特尼克1号”毫无先兆而成功地发射，导致美国的极大恐慌与不安，由此持续20多年的太空竞赛亦在美苏两国之间发生，成为冷战中一个不可忽视并具有深远影响的主要竞争点。这颗卫星通过量度其轨道变化，对于高空地球大气层的研究具有促进作用，并为于电离层作无线电波传递提供原始的资料。由于卫星增添了压缩氮，第一次人造物体作陨石探测的尝试由“斯普特尼克1号”进行研究，由于“斯普特尼克1号”的表面被高温穿透了，导致其内压泄漏，由此可判断陨石温度极高这一特性。总结起来，“斯普特尼克1号”在多个方面上创造了各种成果，对世界的进步与发展都有积极意义。

美国金融中心华尔街

第一台电子计算机“ENIAC”

⊙拾遗钩沉

1943年，世界上第一台电子计算机开始研制。这部计算机是由美国宾夕法尼亚大学莫尔电机工程学院的研制小组，即“莫尔小组”进行研制的，埃克特、莫克利、戈尔斯坦、博克斯四位科学家和一些工程师组成这个小组。埃克特是研制计算机的总工程师，当时年仅24岁。罗伯特·F·肖（函数表）、杰弗里·传·珠（除法器/平方-平方根器）、托马斯·凯特·夏普勒斯（主程序器）、阿瑟·伯克斯（乘法器）、哈利·Huskey（读取器/打印器），还有杰克·戴维斯（累加器）则作为设计工程师团队协助计算机的开发。1987年ENIAC被评为IEEE里程碑之一。

在第二次世界大战硝烟弥漫的氛围下，他们开始了对电子计算机研制与开发。当时由于急切需要有一种高速的计算工具，为美国军械试验提供精准而及时的弹道火力表。因此ENIAC在美国军方的强烈支持下诞生了。

世界上第一台通用电子计算机是 ENIAC（Electronic Numerical Integrator And Computer，电子数值积分计算机，也可称埃尼阿克）。它作为图文完全的电子计算机，不仅能够重新编制程序，而且能对各种计算问题进行处理。它长30.48米，宽1米，占地面积170平方米，具有30个操作台，大概相当于10间普通房，有30吨重，需要150千瓦的耗电量，总共花费48万美元。每秒执行5000次加法或400次乘法的 ENIAC使用电子管18000个，电阻70000个，电容10000个，继电器1500个，开关6000多个。它的计算效能相当于继电器计

宾夕法尼亚大学校徽

算机的1000倍以及手工计算的20万倍。

用于计算火炮的火力表的ENIAC为美国陆军的弹道研究实验室（BRL）所运用。1946年，公布ENIAC的时候，在当时的新闻媒体中就荣获“巨脑”这个赞誉。与继电器计算机相比，它提高了1000倍的计算速度，令当时的科学家和实业家极其震感的是它的数学能力和通用的可编程能力。发明它的人举办了一系列关于计算机体系结构的讲座，来进一步推广这些新概念。

⊙史实链接

ENIAC的诞生于第二次世界大战中。因为在事关生死存亡的战争期间，与其他各种各样的社会需求相比，战争期间的需求始终是最紧要与最迫切的。再者，为确保在军事上时时处于领先地位，政府和军方总是出手大方，在战略和常规武器的研制工作上应用最新的科技成果，注入巨量资金。因此ENIAC的设计和建造得到美国陆军的资助。1943年6月5日签订了建造合同，同年7月宾夕法尼亚大学英尔电气工程学院以“PX项目”为代号秘密开始进行实际的建造。1946年2月14日，公布了建造完成的机器，并于1946年2月15日在宾夕法尼亚大学投入运用。据了解，这个项目总计花费了近55美元（结合通货膨胀的状况，这笔花费相当于2011年的650美元）。

巨脑ENIAC

美国陆军军械兵团在1946年7月正式接收这台机器。1946年11月9日对ENIAC进行关闭，主要目的是对它进行翻新和升级存储器。1947年，ENIAC被转移到了马里兰州的阿伯丁试验场。1947年7月，在马里兰州的阿伯丁重新启动ENIAC，直到1955年10月2日晚上11点45分停止工作。

⊙古今评说

计算机的产生与人类发明的所有工具一样，也是由于实际需求才开发研制出来的。自18世纪以来，科学研制技术水平有了进一步的发展。19世纪末和20世纪初出现了制造电子计算机所必需的逻辑电路知识和电子管技术，并且进一步得到更好的完善。因此可以说已经具备有丰富和完善的制造计算机的基础科学知识。1947年ENIAC作为IEEE的里程碑之一享誉世界。

体积庞大，耗电惊人的ENIAC，运算速度每秒钟不过几千次，（现在已可生产每秒运算达万亿次的超级计算机！）但与当时已有的计算装置相比，它要快1000倍，而且还具备以下功能：按事先编好的程序自动执行算术运算、逻辑运算和存储数据等。ENIAC的产生与发明标志着一个科学技术新时代的开始，以此为契机，科学计算机也开始进入人类生活领域，并逐渐完善与发展。

肖克利等发明晶体管

⊙拾遗钩沉

1947年12月，一种点接触型的锗晶体管由美国贝尔实验室的肖克利、巴丁和布拉顿组成的研究小组研究并制造出来。因发明晶体管，肖克利、巴丁、布拉顿三人在1956年同时荣获诺贝尔物理学奖。可以说晶体管的问世，是20世纪的一项极其重要的发明，也标志着是科学技术开始迈入微电子领域。从此，人们就不再使用大体积，消耗功率大的电子管，而开始使用体积精巧而微小、功率消耗低的晶体器件。人们可对玻璃封装的、易碎的真空管进行替换也是得益于晶体管的发明。晶体管能放大微弱的电子信号这一点与真空管相同；不同的是，晶体管价格便宜，经久耐用，消耗能量小，并且几乎能够被制成无限小。

肖克利等、巴丁和布拉顿

晶体管的出现，成为电子技术之历史上一道光彩夺目的风景线。晶体管诞生之后，便渗透到人们的日常生活中，同时也在工农业生产、国防建设等方面被广泛运用。它能够得到普及是因为其性能非常优越。首批电池式的晶体管收音机在1953年一投放市场，就受到人们的狂热追捧，争相订购。接着，制造短波晶体管的竞赛又在各厂家之间激烈地展开。此后不久，又涌现出一个新的消费热潮，即不需要交流电源的袖珍“晶体管收音机”开始销售于世界各地。

⊙史实链接

1929年，晶体管刚被发明出来，一种晶体管的专利已由工程师利莲费尔德获得。但是，造成无法制造这种晶体管的主要原因是当时技术水平低落，无法找到足够纯度的材料来制造这种原器件。1947年12月23日，通过美国物理学家

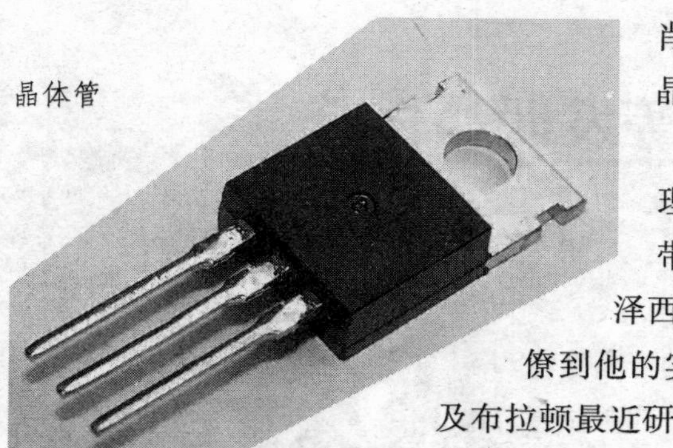
晶体管

肖克莱和他的伙伴的合作，使生产晶体管变成了可能。

1947年圣诞节前夕，37岁的物理学家肖克莱写了一张用词委婉，带有羞怯意味的便柬，邀请美国新泽西州中部贝尔电话实验室的几位同僚到他的实验室，对他和他的合作者巴丁及布拉顿最近研究出来的一系列成果进行观察。据了解，这三位发明家演示了电流通过一个名为“晶体管”的小器件。以现代标准原则来衡量的话，它在技术上显得青涩与笨拙，但对当时的社会来说，确实是一个惊天动地的突破。因为最初的电子真空管虽然促进了无线电、电话、电视机等的发展，但是由于这种真空管体积大、能量消耗大，对复杂电子机器的发展造成不利的影响。研发一种经久耐用，小型且廉价的替代装置早就是电子工程师们所期待的。

晶体管的发明，是现代通信发展史上一个重要的里程碑，其重要作用以及对人类生活产生的巨大影响可以与印刷术、汽车和电话等发明相媲美。实际上，晶体管在当今社会所产生的不可或缺的作用体现在它是所有现代电器的关键活动元件，另一方面，晶体管可以通过使用高度自动化的过程来进行大量生产所需产品，从而达到意想不到的非常低的单位成本。

⊙古今评说

1947年12月23日，在著名的贝尔实验室，37岁的美国物理学家肖克莱和他的合作者向人们展览了最初的晶体管，这是世界上产生的第一个半导体电子增幅器。这项意义重大，影响深远的发明，让他们在1956年共同获得了诺贝尔物理学奖。由此，晶体管的发明促使人类进入微电子时代，成为人类微电子革命的先声。

吹响集成电路的产生与发明的号角是在晶体管的伟大发明之后。通信系统于20世纪最初的10年，已开始对半导体材料进行运用。20世纪上半叶，采用矿石这种半导体材料进行检波就风靡于无线电爱好者中广泛流行的矿石收音机。

不仅如此，电话设备和助听器中也在使用晶体管。逐渐地，只要有任何插座或电池的东西中，就有它的身影，并发挥重要作用。20世纪50年代，将微型晶体管蚀刻在硅片上制成的集成电路逐渐发展起来后，办公室和家庭中很快就出现了以芯片为主的电脑，并得到广泛的运用。

诺贝尔物理学奖章

如果没有发明晶体管，就如同时光倒流几十年，大概现在人们还在使用落后的电子管收音机。这种功能特别有限的收音机普遍使用五六个电子管，只有1瓦左右的功率输出，却需要消耗四五十瓦的电源，反应速度也慢，需要等1分多钟才能打开电源开关，听到逐渐响起来的节目。而现在，青少年的随身物当属MP4播放器。我们应当真心感谢这些产品的发明者，并在使用现代科技产品时，对他们心存敬意。

美国安佩克斯公司发明录像

⊙拾遗钩沉

1956年，第一台2英寸广播用磁带录像机（VTR）在美国全国广播电视工作者协会年会上由安培（AMPEX）公司展出，这台录像机被称为2" Quadruplex 格式。即时，只有电视网以及最大的私人电视台才能购买得起2" Quadruplex录像机，主要是由于它价位非常高，需要5000美元才买得到。1956年11月，在好莱坞的电视城，这台世界上第一部录像机正式被用于节目播出。

1956年，一种新型的视频产品出现在人类的发展史上，即美国安培（Ampex）公司制成四磁头广播用磁带录像机。录像机的发展，历经四个年代的历程。①出现和发展阶段即20世纪50年代的四磁头横向扫描录像机。②竞争阶段即20世纪60年代的单磁头螺旋扫描录像机与四磁头录像机。③大发展时期即20世纪70年代的双磁头螺旋扫描录像机。初期出现了图像清晰，质量较好，使用盒式磁带，规格统一19.1mm（3/4英寸）磁带的双磁头螺旋扫描录像机，简称U型机，在操作上简单又便利，使用成本比较低，以中档专业使用的录像机成为主要的消费类型。中期的录像机有VHS、Beta、V2000三种格式，是在U型机的基础上研制成 12.7mm（1/2英寸）双磁头彩色盒式录像机，发展成为千家万户都喜欢的普及型家用录像机。其中，VHS录像机所以能逐渐占据主导地位是由于节目磁带广泛且丰富、质量优异，价格合理，可靠性很高，其产量现占录像机总产量的85%以上。④摄录一体机出现于20世纪80年代初，它融摄像机和录像机为一体，有很好的发展前途，也对人类生活产生重要影响。

磁带录像机

⊙史实链接

1956年4月，在美国国家广播协会的内部，安培公司展出了他们研制价值7.5万美元的第一台实验性的磁带录像机，这在很大程度上突破了制作技术上的局限。这是一个磁带宽50毫米，走带速度减慢为每秒39.7厘米的录像机。具有留下一系列磁迹的效果。它是由于磁带通过一个带有四个磁头的磁鼓，该鼓形盘每秒的转速为250转，使四个磁头都能斜向扫描磁带整个宽度。安培公司研制的第一台录像机使用的不是早先的调幅法录像而是调频法录像。它的体积比一辆小汽车更大。

在1959年以前，录像机还鲜为人知。直到1959年，美国副总统尼克松访问苏联，一场著名的“厨房辩论”在尼克松与前苏联当时的共产党第一书记赫鲁晓夫之间展开。对这个唇枪舌剑的场面，美国的技术人员在对方不知情的情况下进行了录制，世界上第一次新闻录像也由此产生。几分钟以后，当看到重放的录像片时，赫鲁晓夫不禁大吃一惊。之后，那盘录像磁带随即被装入密码箱

周恩来与尼克松

空运回美国，并通过电视迅速在全国进行播放。世界上最早的两位录像明星就是尼克松和赫鲁晓夫了，这是第一台录像机的使用场景。可以说它带领录像机走进了一个创新的世界，就是以这两位大人物的“厨房辩论”为契机，才使得这台美国刚发明的录像机名声大噪。

⊙古今评说

Ampex在1956年推出了第一款使用两英寸（5.1厘米）磁带的磁带录像机，并在市场上取得辉煌的成功。磁带录像机的发明改变了电视的历史，也多多少少改变了人们的生活方式，丰富了人们的生活阅历，在经济、政治、文化与社会生活上都发挥了不可替代的作用。这也标志着人类在发展与创新史上又迈出了重要一步，同时也激励人们不断创造与创新，为社会发展带来更多知识与财富。

达沃斯发现了“激光原理”

⊙拾遗钩沉

虽然美国物理学家Charles Townes在1953年就已经用微波实现了激光器的前身——微波受激发射放大（英文首字母缩写maser），但是当时“激光原理”还没有被发现。激光原理是由美国科学家肖洛Schawlow和汤斯Townes在1958年共同提出的。

1958年，肖洛和汤斯发现了一种神奇的现象，当他们在一种稀土晶体上，用氖光灯泡所发射出来的光进行照射时，一束鲜艳并且始终会聚在一起的强光从晶体的分子上发了出来。他们根据这一现象，提出了激光原理——即物质在受到与其分子固有振荡频率相同的能量激励时，都会产生这种不发散的强光。

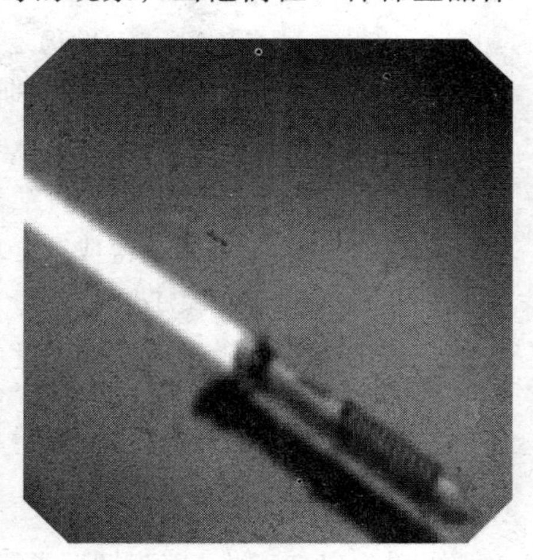

激光

激光具有以下几种特点：定向发光、亮度极高、颜色极纯以及能量密度极大。如今，在工业，通信，科学及电子娱乐等领域中，激光器已经成为了一种重要的设备。

⊙史实链接

爱因斯坦于1917年提出了一套全新的技术理论——“光与物质相互作用”。这一理论是说，在由组成物质的原子中，有参差不齐数量的粒子（电子）分布在不同级别的能级上，由于受到某种光子的激发，粒子会从高能级跳到（跃迁）到低能级上，那么这时与激发它的光相同性质的光将会被辐射出来，而且一束弱光激发出一束强光的现象也会在某种状态下发生。这就叫做“受激辐射的光放大”，简称激光。

在1930年代，爱因斯坦对原子的受激辐射进行了描述。人们在此之后经过了长时间的猜测，可否利用这一现象来加强光场，因为介质存在着群数反转（或译居量反转）的状态要作为必须的前提，但是在一个二级系统中，这是不可能做到的。利用三级系统首先被人们想到，而且辐射的稳定性在计算中得到了证实。

著名科学家爱因斯坦

1958年，美国科学家肖洛和汤斯共同提出了“激光原理”，同时，他们也为此发表了重要论文。

此项研究成果被肖洛和汤斯发表之后，各种实验方案由各国科学家纷纷提了出来，但是都未能获得成功。1960年5月16日，梅曼（美国加利福尼亚州休斯实验室的科学家）宣布获得了波长为0.6943微米的激光，这是人类历史上获得的第一束激光，因此，世界上第一个将激光引入实用领域的科学家是梅曼。

⊙古今评说

20世纪以来，继人类发明原子能、计算机、半导体之后，激光是又一重大的发明。“最快的刀”、“最准的尺”、“最亮的光”和“奇异的激光”是人们对它的称呼 。激光的亮度约为太阳光的100亿倍。激光的原理早在1958年由美国科学家肖洛和汤斯共同提出的，但是激光被首次成功制造出来是在1960年。在有理论准备和生产实践迫切需要的背景下，激光应运而生了。激光自问世以来，就获得了超乎寻常的飞快发展，古老的光学科学和光学技术能够获得了新生，正是因为激光的不断发展，而且一门新兴产业因为激光的问世而产生了。激光的应用十分广泛，主要有激光打标、光纤通信、激光光谱、激光测距、激光雷达、激光切割、激光武器、激光唱片、激光指示器、激光矫视、激光美容、激光扫描、激光灭蚊器，等等。

五、我国的通信发展

最早出现在中国的电报通信

⊙拾遗钩沉

电报，就是用电信号传递的文字信息，是通信业务的一种，在19世纪初发明，是最早使用电磁进行通信的方法。电报大为加快了消息的流通，是工业社会的其中一项重要发明。早期的电报只能在陆地上通信，后来使用了海底电缆，开展了越洋服务。到了20世纪初，开始使用无线电拍发电报，电报业务基本上已能抵达地球上大部份地区。电报主要是用作传递文字讯息，使用电报技术用作传送图片称为传真。1844年5月24日，莫尔斯发出了世界上首份电报。

1871年，英国、俄罗斯、丹麦敷设的香港至上海、长崎至上海的水线，全长2237海里。1871年4月，因违反清政府不得登陆的规定，由丹麦大北电报公司出面，秘密从海上将海缆引出，沿长江、黄浦江敷设到上海市内登陆，并在南京路12号设立报房。1871年6月3日开始通报。这是帝国主义入侵中国的第一条

今日黄浦江风景

电报水线，并在上海租界设立的电报局。

⊙史实链接

18世纪30年代，由于铁路迅速发展，迫切需要一种不受天气影响、没有时间限制又比火车跑得快的通信工具。此时，发明电报的基本技术条件（电池、铜线、电磁感应器）也已具备。1837年，英国库克和惠斯通设计制造了第一个有线电报通信，且不断加以改进，发报速度不断提高。这种电报很快在铁路通信中获得了应用。他们的电报系统的特点是电文直接指向字母。

1843年，莫尔斯获得了3万美元的资助，他用这笔款修建成了从华盛顿到巴尔的摩的电报线路，全长64.4公里。1844年5月24日，在座无虚席的国会大厦里，莫尔斯用他那激动得有些颤抖的双手，操纵着他倾十余年心血研制成功的电报机， 向巴尔的摩发出了人类历史上的第一份电报:“上帝创造了何等奇迹！”

19世纪末，欧美列强凭借坚船利炮打开了中国紧闭的国门。鸦片战争后，中国逐步沦为半殖民地半封建社会。电报作为新生科技事物传入我国是伴随着侵略者的步伐的。

⊙古今评说

电报的发明，拉开了电信时代的序幕，开创了人类利用电磁来传递信息的历史。从此，信息传递的速度大大加快了。“嘀—嗒”一响（1秒钟），电报便可以载着人们所要传送的信息绕地球走上7圈半。这种速度是以往任何一种通信工具所望尘莫及的。

电报进入中国

随着通信科技的发展，电报已不再是主要的通信方法。自从电话、网络数字化以后，电报通信便成为数字通信网络内，一种以文字通信应用的方式——短信。当电脑、电子邮件以及手提电话的短信日渐普及以后，电报更进一步被取代。现在一般人已不会使用电报通信。传统的电报新闻（即电讯新闻稿）亦已由电脑、互联网及手提电话的短信所取代。只有在一些很特别的环境下，才会偶然看见使用电传打字机的电报业务。但是，作为通信上的一大发明，电报在人类发明史上占据着重要的位置。

《中国电报新编》——中国最早的汉字电码本

⊙拾遗钩沉

中文电码，又称中文商用电码、中文电报码或中文电报明码，原本是于电报之中传送中文信息的方法。它是第一个把汉字化作电子信号的编码表。自莫尔斯电码在1835年发明后，一直只能用来传送英语或以拉丁字母拼写的文字。后来在1880年，清朝政府雇用丹麦人设计了中文汉字电报。

中国最早的汉字电码由于汉字由许多部首组成，结构复杂，字型繁多，一个字一个“面孔”，拍电报不直接用电码来表示。因此，采用由四个阿拉伯数字代表一个汉字的方法，简称“四码电报”。中国汉字多达6万字，常用的汉字只有一万个，所以用10的4次方（10，000）来表示（“四码电报”的来历）。1873年，法国驻华人员威基杰（S.A.Viguer）参照《康熙字典》的部首排列方法，挑选了常用汉字6800多个，编成了第一部汉字电码本，名为《电报新书》。后由我国的郑观应将其改编成为《中国电报新编》。这是中国最早的汉字电码本。

⊙史实链接

1838年1月8日，Alfred Vail展示了一种使用点和划的电报码，这是莫尔斯电码前身。最早的莫尔斯码是一些表示数字的点和划。数字对应单词，需要查找一本代码表才能知道每个词对应的数。用一个电键可以敲击出点、划以及中间的停顿。

虽然莫尔斯发明了电报，但他缺乏相关的专门技术。他与Alfred Vail签定了一个协议，让其制造更加实用的设备。Vail构思了一个方案，通过点、划和中间的停顿，可以让每个字符和标点符号彼此独立地发送出去。他们达成一

康熙字典

致，同意把这种标识不同符号的方案放到莫尔斯的专利中。这就是现在我们所熟知的美式莫尔斯电码，它被用来传送世界上第一条电报。

郑观应早在几年之前就专门写过一篇关于电报的文章《论电报》，不仅高屋建瓴地指出电报在军事、商业、政治上的种种优势，而且详细阐述了电报的工作原理。后来他组织编译了《万国电报通例》和《测量浅说》，自己还在业余时间以威基杰的《电报新书》为基础，改编成了中国第一本汉字电码本《中国电报新编》。

中文电码表采用了四位阿拉伯数字作代号，从0001到9999按四位数顺序排列，用四位数字可最多表示9999个汉字、字母和符号。汉字先按部首，后按笔划排列。字母和符号放到电码表的最尾。后来由于9999个汉字不足以应付户籍管理的要求，又有第二字面汉字的出现。在香港，两个字面都采用同一编码，

维新思想理论家郑观应

由输入员人手选择字面；在台湾，第二字面的汉字会在开首补上“1”字，变成5个数字的编码。

⊙古今评说

中文电码可用作电脑里的中文输入法，但因中文电码是“无理码”，记忆困难，一般用户几乎无法熟练地掌握使用。

在香港，每个有中文姓名的市民的身份证上，均会在他的姓名下面，印有中文电码，外国人取得的入港签证亦有印上的。在很多政府或商业机构的表格中，都会要求填写者填写他的中文电码，以便输入电脑。

中国人最早研制的电报机

⊙拾遗钩沉

华侨商人王承荣于1873年从法国回国后，与福州的王斌共同研制出了我国的第一台电报机，并且呈请政府自办电报，但是清政府采取了拒不采纳的态度。

清朝政府用电报机开设电报通信以后，主要用在军政大事上，所以形成了军机处大量电报档案。在中国人民的解放事业中，电报发挥了其至关重要的作用，但是由于电话手机电脑的飞速发展，电报的功能被替代，现在很少适有市民发电报。所以在2003年前后，被邮政局营业厅停止了电报化办业务。

⊙史实链接

我国的第一台电报机由华侨商人王承荣与福州的王斌在1873年共同合作研究制造出来，并呈请清政府自办电报。他指出：“中国之驿站、烽火随速，究

莫尔斯电码表

字符	电码符号	字符	电码符号	字符	电码符号
A	•—	N	—•	1	•————
B	—•••	O	———	2	••———
C	—•—•	P	•——•	3	•••——
D	—••	Q	——•—	4	••••—
E	•	R	•—•	5	•••••
F	••—•	S	•••	6	—••••
G	——•	T	—	7	——•••
H	••••	U	••—	8	———••
I	••	V	•••—	9	————•
J	•———	W	•——	0	—————
K	—•—	X	—••—	?	••——••
L	•—••	Y	—•——	/	—••—•
M	——	Z	——••	( )	—•——•—
				—	—••••—
				.	•—•—•—

莫尔斯电码表

不如外国之电报瞬息可达千里。……今某与福州王斌商造一器，专传汉字，以十六为纲，以十数为目，发则由字检号，收则由号检字，时许可拍千字，直达千余里。”这在中国电信史上，是一件具有重大意义的事件。但是十分遗憾的是，由于清政府对此提议拒不采纳，因此王承荣的名字不被人们所熟知，被长期埋没了起来，同时他们自制的电报机也未传于世。

直隶总督李鸿章

⊙古今评说

电信时代的序幕，由于电报机的发明而被拉开了，人类利用电磁来传递信息的历史就此开始。1871年，英国、俄罗斯、丹麦等国在上海秘密地开通了电报业务。李鸿章在1879年修建了大陆第一条军用电报线路，接着开通了津沪电报线路，并在天津设立了电报总局。

中国第一所电报学堂

⊙拾遗钩沉

清光绪二年（1876年）二月，在船政学堂附设了。电报学堂唐廷枢被船政大臣丁日昌派去与丹麦大北公司签订《通商局延请丹国电线公司教习学生条款》，大北公司工程师被聘请到马尾担任教习。电报学堂生源中，有一部分是来自船政学堂的毕业生，例如第一届制造班学生的苏汝灼、陈平国等，另外到广州、香港招收了一些懂英语的学生，入学的学生总共有70名。学生在电报学堂学成后，将会被分配到全国各地架设电线、开办学堂、教授学生，为中国近代发展电报信息事业作出贡献。电报学堂于光绪九年后停止办学。

电报学堂不仅对现代科学技术理论的学习十分注重，而且非常强调实践性的操作实习。学生们很快掌握并熟练地运用电报的各种知识，正是因为有了这种理论与实践相结合的教学方法，学校督办曾写道："在短期内学生对各种电报工份内的操作知识都学会了，有些还能熟练地进行码电报的发明。"在练习线路修理及外路工作时，轮机班还学习如何使用本专业的各种工具。

但可惜的是，好景不长，在1877年底与丹麦大北公司签订《通商局延请丹国电线公司教习学生条款》的合同期满，学校就停止了办学。有的学生在学校关闭之后，仍留在罗星塔线路进行工作，有的学生则去台湾当工程师，并且设置新电报线，而其余的学生留在福州船政局。中国第一代电报人才被培养了出来，对日后发展中国的电报子业具有重大的历史意义。

⊙史实链接

欧美各国电信业在19世纪中叶，就已经相当发达了；然而在当时的中国，还没有电报通信，而电报学堂就更加不必说了。直到1874年，福建省台湾府恒春半岛南端被日本出兵侵占了的时候，当时被派驻在台湾巡察的钦差大臣沈葆桢上奏皇帝，称："在台湾之险甲诸海疆，欲消息常通，断不可无电线……"

并拟出关于闽台敷设电线的计划。船政大臣丁日昌为了配合沈葆桢的计划，于1876年4月初在船政局增设电气学塾，即电报学堂。

船政局电报学堂是近代中国的第一所电报学堂，由丹麦大北公司人员为该学堂进行授课，电气、电信及制造电线、电报等是其主要设立的专业。第一次招生中，招进了32名学生，其中有28名学生是在香港、广州学习过英语的，大多学生的年龄在18岁到21岁之间。学堂设有轮机班一个、电报生班两个和一个预备班。除了英语这门课程以外，还有包括了实用电报学、电学和电磁学。对于接受封建教育为主的青年人来说，这些近代科学技术课程不可谓不难，但是他们依靠自己的聪明才智，刻苦钻研，很快便掌握了这些知识，并且成了合格的人才。

⊙古今评说

1875年，丁日昌被调职担任了福建巡抚。到了福建以后，丁日昌便在福建船政学堂附设了电报学堂，并马上从海外聘请了专业的技师来任教，努力对相关技术人员进行培养。这是第一个在中国进行电报专门人才培养的学校，虽然它只是作为一个非正式的训练班，但是，它的影响是极其重大的。五年以后，第一所正式的电报学校——北洋电报学堂才在天津由盛宣怀设立。

中国人第一条自建的电报线

⊙拾遗钩沉

1844年5月24日，莫尔斯建成了美国第一条从华盛顿到巴尔的摩的电报线，全长60公里，同日举行了电报线路启用仪式。也是在这一天，莫尔斯在美国国会议事厅的一间屋子里拍发了世界上第一封电报。嘀嘀嗒嗒的电报声，瞬间就把信息传到几十公里之外，自此，人类通信事业开始进入一个崭新的新时代。

1877年，福建巡抚丁日昌利用去台湾视事的机会提出设立台湾电报局，拟定了修建电报线 路的方案，并派电报学堂学生苏汝灼、陈平国等专司其事。先由旗后（即今高雄）造至府城（即今台南）。负责工程的是武官沈国光。此线于1877年8月开工，同年10月11日完工，全线长47.5公里。这是中国人自己修建、自己掌管的第一条电报线，开创了中国电信的新篇章。

⊙史实链接

1838年，莫尔斯又在美国总统及内阁成员面前进行表演，引起了他们的浓厚兴趣。他遂要求3万美元的拨款以进行电报实际应用的试验，但拨款迟迟没有批下来。为此已濒于一贫如洗的莫尔斯只得奔波于美、英、法、俄等国。遗憾的是，这几国都不愿冒险投资。直至1843年3月，莫尔斯才通过国会中的朋友得到了3万美元。他委托纽约州的埃长拉·康奈尔即后来康奈尔大学的创始人架设电报线。华盛顿与巴尔的摩之间第一条实用电报线路终于建立起来了。翌年5月24日，莫尔斯在国会大厦最高法院会议室，首次通过这条电报线，传出圆点和横划的符号，向正在巴尔的摩的艾尔弗雷德·维尔拍发了世界上第一封电报。

清朝时期，列强在中国架设起越来越多的电报线路，他们更加迅速地了解商情，更加迅速地了解和传递中国的军政情报，从而为其制定侵略政策及进行侵略战争提供了强有力的支撑。仍耽于驿站通信的清廷此时全面体会到了“轮船电报瞬息千里”的威力。在民族危机加深之时，清廷对统治危机的恐惧超过

康奈尔大学

了对国外先进技术的排斥。于是，在严重的民族危机面前，清廷一部分人士终于开始认识到电报的重要性，着手筹备自办电报通信。

1877年5月8日，为防备日本对台湾的侵犯，福建巡抚丁日昌在洋务派首领李鸿章支持下奏请朝廷架设台湾南北电线报获准施行，这条从台湾府至旗后长47.5公里的电报线是中国第一条自建电报线。

1880年9月16日，李鸿章终于上书清廷建议设立津沪电报线，以沟通南北联系。1881年12月28日，中国自建的第一条津沪长途电报线正式开通并对外营业，中国民族电报业终于在磕磕绊绊中出生。津沪长途电报线成为中国大陆上最早自建经营的公众电报电路，是中国人在自己国土大陆上掌握电信主权的开端。

⊙古今评说

丁日昌创办台湾电报，靠的是原为筹办福厦电报而设的电报学堂培训的学生这一技术力量。至于器材，则是将省城库房保存下来的福厦旧线移到台湾加以再利用。一八七七年七月初十日，该工程在府城开工了，九月初五日造成。但是经费不足，只修成了两条线路，自府城至安平及自府城达旗后，总长度为47.5公里，并且在三处设立了报房，分别在府城、安平和旗后。中外各方对台湾电报的成功创办十分的关注。关于丁日昌在台湾造电报一事，《申报》对其作了相关的报道。丁日昌“用一条电报线把首邑台湾府和打狗港连接起来，并筹划用铁路联络两城”，这是英国人寿尔在访问台湾后说的。

丁日昌于光绪四年因病去职，未能继续进行电报线的敷设工程，但其创办的台湾电报线，是中国人自己修建并由中国人掌管的第一条电报线，在中国邮电史上具有深远的意义。

中国最早设立的电报总局

⊙拾遗钩沉

光绪六年（1880年）八月中旬，北洋通商大臣李鸿章奏准筹设津沪电报线时，在天津筹办官办的津沪电报总局，委派盛宣怀为总办。光绪七年（1881年）十一月，津沪线完工前，正式命名为中国电报总局，中国大陆第一家电报局诞生。

津沪电报总局

爱国人士经元善

津沪电线通报后，经营四个月，亏损甚大。自光绪八年（1882）三月初一日起，改为官督商办，招股集资，分年缴还官办本银（湘平银十七万八千七百余两），听其自取报资，以充经费。盛宣怀、郑观应、经元善、谢家福、王荣和等集股湘平银八万两为创办资本。十二月，李鸿章奏设苏浙闽粤电线。光绪九年（1883）六月，两江总督左宗棠奏设江宁至汉口的长江电线，均准由中国电报总局办理，于光绪十年（1884）建成；同时扩大招股，两年后资本合计八十万元。光绪十年（1884）春，总局由天津移至上海，一方面与外商公司交涉折冲电报利权事宜，另一方面统筹各路电线的架设，陆续建成干线多条。

⊙史实链接

晚清中国电报局的建立，既有洋人私设电报线所带来的压力，也有中国社会内部对发展电报通信的需要，加之边疆危机的压力，多种因素迫使清政府开展大规模的电报建设。因政府财力有限，电报局采取官督商办形式，向社会发行股票以招募资金用于架设电线和局务开支，政府委派官员进行管理与控制。

电报总局建立初期，在资金、技术、人才等方面困难重重，总办盛宣怀通过开设电报学堂、制定招股章程、与丹麦大北电报公司合作等行动，为电报局的顺利发展创造了条件。电报局在中法战争中贡献突出，社会影响力亦逐日提高。中国电报局在建设国内电报线的同时，顺应电报事业发展潮流，与外国电报公司签订接线合同和齐价合同，并采取积极应对的态度维护中国电报权益。但是政府的高额报效与总办盛宣怀的专权敛财，本质上阻碍了电报局的发展。庚子事变，八国联军入侵中国，趁机侵夺中国电报主权，造成中国电报事业的极大损失。在总办盛宣怀等斡旋下，电报股商付出巨大代价才收回电信主权。

清末新政，清政府决定将电报局收归国有。股商为维护权益做出坚决抵制的决议，但迫于政府压力而将电局股票卖出，电报局最终被收为国有。中国电报局的艰难发展，体现了中国破除保守力量束缚、发展新兴生产力的近代化过程。电报局中官商关系的角力，深刻反映出专制政府力量对企业发展的双重影响。

⊙古今评说

中国电报局1880年由北洋大臣直隶总督李鸿章奏准，设于天津，后迁至上海。该局总领19世纪至20世纪初中国的电报建设，因线路之广设而获取丰厚报费收入，成为晚清经营最佳的新式企业之一。

电报局是洋务运动中的重要企业，它的创办对近代社会的发展有重要作用。甲午战争时期，从朝鲜战场到国内战场，中国电报局承担了大量不可或缺的业务，尤其是电报局通过架设随军电报直接支持战斗，为清军提供了诸多有利条件。当然，电报局作用的发挥也受到当时社会条件的限制，如清廷财力的匮乏，使得战时电报局的建设颇受影响。此外，战事的不利也使电报局遭受人、财、物三方面的重大损失。

电报技术的推广深刻改变了信息传递方式，从而引起近代中国社会、经济、政治、文化的一系列变化，推动城市近代化，带来社会的进步，并为传统政治之革新提供了动力。

闽台海缆——中国自主建设的第一条海底电缆

⊙拾遗钩沉

1886年，在当时的台湾巡抚刘铭传的主持下，花费重金敷设了长达216.5公里的福州至台湾的电报水线——闽台海缆，于1887年竣工。它使台湾与大陆联通一气，对台湾的开发起到了重要作用。这是中国自主建设的第一条海底电缆。

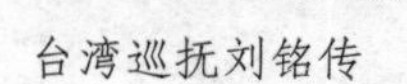
台湾巡抚刘铭传

当时的海底电缆是用绝缘材料包裹的金属导线，铺设在海底，用于电信传输。现代的海底电缆都是使用光纤作为材料，传输电话和互联网信号。全世界第一条海底电缆是1850年在英国和法国之间铺设的。中国的第一条海底电缆是在1888年完成，共有两条，一是福州川石岛与台湾沪尾（淡水）之间，长177海里。另一条由台南安平通往澎湖，长53海里。

同陆地电缆相比，海底电缆有很多优越性：一是铺设不需要挖坑道或用支架支撑，因而投资少，建设速度快；二是除了登陆地段以外，电缆大多布子经过测试的海底，不受风浪等自然环境的破坏和人类生产活动的干扰，所以，电缆安全稳定，抗干扰能力强，保密性能好。

⊙史实链接

1858年，人们在北美和欧洲之间铺设了世界上第一条跨洋海底电缆。1866年，英国在大西洋铺设了一条连接英美两国的海底电缆。1986年，美国ATT公

世界第三大洋印度洋

司在西班牙加那利群岛和相邻的特内里弗岛之间，铺设了世界第一条商用海底光缆，全长120公里。1871年，丹麦大北电信公司完成俄国海参崴、日本长崎、清国上海间的海底电缆敷设。日本和欧洲之间经由印度洋和西伯利亚，实现了两条国际通信线路。

1876年，贝尔发明电话后，海底电缆加入了新的内容，各国大规模铺设海底电缆的步伐加快了。1902年环球海底通信电缆建成。1988年，美国与英国、法国之间铺设了世界第一条跨大西洋海底光缆（TAT-8）系统，全长6700公里，含有3对光纤，每对的传输速率为280Mb/s，中继站距离为67公里。这标志着海底光缆时代的到来。

中国第一条海底电缆是清朝时期台湾首任巡抚刘铭传，在1886年铺设通联台湾全岛以及大陆的水路电线，主要作为发送电报用途。到1888年共完成架设两条水线，一条是福州川石岛与台湾沪尾（淡水）之间的177海里水线，主要是提供台湾府向清廷通报台湾的天灾、治安、财经，并提供商务通信使用；另外一条为台南安平通往澎湖的53海里水线。福建外海川石岛的大陆登陆点依旧存在，但是台湾淡水的具体登陆点已经不可考。

⊙**古今评说**

海底光缆是目前世界上最重要的通信手段之一。目前，全世界超过80%的通信流量都由海底光缆承担，最先进的光缆每秒钟可以传输7Tb/s（1Tb/s等于1024Gb/s）数据，几乎相当于普通1Mb/s家用网络带宽的730万倍。通过太平洋的海底光缆已经有五条，每天有数亿网民使用这些线路。

一百多年前台湾与福建之间曾经架设过中国第一条海底电缆线，在中国电信史上具有特殊意义，也表明当时海峡两岸联系之密切。

我国开通最早的民间无线电通信

⊙拾遗钩沉

无线电通信是一种利用无线电波进行消息传递的通信方式，早期伴随着电报、电话的传入中国，我国开通最早的民间无线电通信是在1906年，在琼州和徐闻两地设立了无线电机，从而拉开了中国民间无线电通信的序幕。

电通信是利用“电”来传递消息的通信方式，一般分为两种：一种是有线电通信，需要架设线路，在导线内传输信号；另一种就是无线电通信。无线电通信比有线电通信简单，而且更为方便，它不受通信距离的限制，而且不需要架设专门的传输线路。无线电通信能够进行传输声音、文字、数据和图像等。由于无线电不受距离的限制，因此人们想到把这种通信方式应用到航海领域中，这也是无线电通信最早的应用领域，它能够使用莫尔斯密码在船与陆地间传递信息。

我国传入无线电通信有一百多年的时间，最初是官办的无线电通信，是专门为官府服务的，广州是我国最早使用无线电通信的地区。之后，清朝政府还在天津开设了无线电学堂，准备大量应用无线电通信。1906年，我国开设了民间无线电通信，是在广东的琼州和徐闻之间。之所以需要在琼州和徐闻之间开

琼州海峡通道

设民间无线电，是因为琼州海峡海缆中断。琼州海峡是我国三大海峡之一，是海南岛与雷州半岛所夹水道，也是我国最南的海峡。

⊙史实链接

无线电通信诞生在1901年，是一种方便的通信方式。在1901年之前，电报、电话的出现使得通信技术得到了重视和发展，但由于电报和电话都必须靠导线才能够传输信号，这就给人们带来了十分不便。要导线就必须架设线路，而架设线路必须要穿过高山河流，特别是在海洋之中架设线路，是一件十分困难的事情。于是就发明了一种不需要架设传输线路就能进行信息传输的新型通信方式，那就是无线电通信。

在电报、电话相继传入中国以后，无线电通信也被引入，成为中国通信方面的又一改革。中国无线电报始于清末，1899年，广州就在督署、马口、前山、威远等要塞以及广海、宝壁等江防军舰上设立无线电机进行无线电通信。因此，广州也成为中国最早使用无线电通信的城市。1905年，为了大力发展无线电通信，天津开办了中国最早的无线电学堂， 袁世凯不但聘请意大利人葛拉斯为无线电学堂的教师，还托人从外国进口无线电机。这些无线电机后来装在了南苑、保定 、天津等军营和部分军舰上，使军营与军舰之间用无线电进行相互联系。

此后，我国还创立了民办的电台，第一家民办电台是在 1927年由上海新新公司设立的，内容多推销收音机等无线电器材，戏曲，弹词，这是中国私营商业广播的开始。民办电台促进了中国无线电事业的进步。

⊙古今评说

自从在19世纪发明了无线电通信技术之后，通信摆脱了对导线的依赖，从而进入一个全新的时代，这是世界通信技术上的一次飞跃，也是人类通信科技史上的一个重要成就。随着通信科技的发展，无线电通信技术传入了中国。在徐闻和琼州之间开通了中国第一条民办无线电通信之后，中国的民办无线电通信得到了快速的发展，为人们相互交流提供了很好的条件。徐闻和琼州之间的无线电通信具有重要的历史意义。

近年来，随着中国社会经济的持续增长，无线电技术业务已经渗透到电信、广电、民航、交通等国民经济的多个领域。民间无线电通信业极大地方便了人民群众，此外，无线电通信还是我国国防建设的重要保障手段，为我国社会经济的持续发展提供了有效支撑。

我国近代电信部门

⊙拾遗钩沉

电信是国民经济的基础设施，我国近代电信事业从起步之后，就出现了许多的改革措施。其中，1912年民国元年，中华民国政府接管清政府邮传部，并改组成为为交通部。交通部共设四个司，分别是电政、邮政、路政、航政。电信正式改属成为交通部的一部分。

邮电事业关系到国家的军事、政治、经济、文化等各个重要领域，责任重大。在清政府统治时期，光绪帝在1907年“预备立宪，须先厘定官制”的认识下，对朝廷部院进行了一次大改组，这次改组增设了一个新的部门，那就是邮传部。邮传部的成立是为了加强清政府的统治，以推动交通、电信的发展。邮传部下设电政、路政等部门，其中电报局归于电政管辖范围。

南洋大臣沈葆桢

电政主要是开展电信业务，在电政还没有出现之前，电报局已经在中国建立了。在19世纪80年代的时候，清政府开展洋务运动时期，就已经创立了中国电报局，是我国电信事业的重要标志之一。

1874年，日本侵略台湾，当时的南洋大臣沈葆桢在抗击日本侵略的过程中，由于信息难以传递而使战争不利，因此他向朝廷上奏建议架设福州至台湾电线。之后虽然清政府批准了他的建议，但是由于技术、财力等问题难以实施。之后，李鸿章在天津设立了电报总局。电报总局是洋务运动中创办的重要企业，它的建立对近代社会的发展有重要作用。在甲午战争时期，电报总局通过架设随军电报直接参与战斗，为清军提供有利支持。

⊙史实链接

鸦片战争后，西方列强在中国掠夺土地和财富的同时，也为中国带来了近代的邮政和电信。电报发明使用以后，很快就传到了中国。1874年，南洋大臣沈葆桢提出架设福州至台湾电报线路。虽然得到了朝廷批准，但是没有真正实施。在1877年10月，清政府正式在台湾建设了一条全线长47.5公里的电报线路，开创了中国电信的新篇章，这是中国人自己修建、自己掌管的第一条电报线。1880年，为了为建设津沪电报线路做好充分的准备，李鸿章派盛宣怀为总办，在天津设立官办的津沪电报总局，这是中国大陆第一家电报总局。并在天津设立电报学堂，聘请丹麦人博尔森和克利钦生为学堂教师，向国外订购电信器材。津沪电报线路完工以后，津沪电报总局改为中国电报总局。这是电报局在我国近代的起步。到20世纪初，全国各大城市基本上都设立了电报局，电报沟通了中国各地之间的联系。

电报和电话是近代中国主要的电信业务。1881年，上海英商的瑞记洋行开

辛亥革命历史照片

办了一家华洋德律风公司，并在上海架起市内电话线路。电话成功进入中国的第一个大城市，从此电话开始在中国发展、流行。到了1900年的时候，南京出现了中国第一部市内电话；上海、南京电报局开办市内电话的业务，由于尚未普及，在起步之初，只有16部电话。

在邮传部尚未出现之前，交通行政并没有直接的专管机构，电政另派大臣主管。设立邮传部之后，电政才归于专管机构。辛亥革命后，北洋政府把邮传部收归起来，并把邮传部改为交通部。交通部鉴于国内电报局所日益增多，邮传部主要的船政、路政、电政、邮政、庶务五司也归属交通部。

⊙古今评说

电信归属交通部是我国近代通信事业发展史上的一个重要的事件。电报事业在中国的兴办，有利于国防建设和经济发展，取得了一定的成绩。电信、电报作为近代通信工具，改变了日常交通方式，对中国通信事业具有划时代的意义。

电信归属交通部是由于北洋政府担心中国各地的电信局有向外国联系的趋势，为了尽快掌握电信这一国民经济主要组成部分，北洋政府加快了对电信的改革。我国电信事业的发展促进了国际间之经济、文化交流，并担当起国际桥梁的作用，沟通国家间的感情，促进信息在世界范围内的流通。

中国最早的传真机“真迹传真电报”

⊙拾遗钩沉

真迹传真电报是中国最早的一种传真机，自从20世纪20年代末真迹传真电报在上海出现之后，备受关注。真迹传真电报的收报操作与摄影的流程相似，都是以正片收录，经冲洗显影、定影、烘干后进行投送，因此真迹传真电报也被人们称为“摄影电报”。

传真是一种利用扫描技术进行记录形式的复制，通过通信电路把固定文字、图象从一个地点传送到另一地点的通信方式。传真技术诞生于19世纪40年代，但由于传真通信百多年来发展较为缓慢，因此一直没有在世界上普及。进入20世纪之后，传真技术传入中国，随即出现了一种传真形式，被称为传真电报。20世纪20年代中国开始创办传真电报业务。传真电报是以记录形式进行传真的，它是信息时代的产物，具有迅速传递、安全保密的特点。传真电报按复制件的状态分为相片传真电报和真迹传真电报两种。其中，真迹传真电报是指只有黑色和白色或其他两种深浅色的电报。而相片传真电报则是除了黑色和白色之外，中间还有彩色色调的传真电报。真迹传真电报是对文稿、照片等进行逐点扫描，形成信号并传输到对方，由收信端逐点复制出真迹的传真电报通信。

⊙史实链接

传真技术最早出现在19世纪40年代，但一直处于发展缓慢的阶段。随着电子管技术的应用和无线电技术的进步，发展缓慢的传真技术才逐渐成熟起来，并不断地发展和创新。1907年，法国的爱德华·贝兰公开表演了图像传真的技术，由此宣告了传真电报的诞生。传真机的发明加快了传真技术的传播，此后传真技术随着电话、电报一起传入中国。在20世纪20年代以后，我国开始开展了传真电报业务。

1929年5月，我国各大城市已经成立了电话局，电话作为一种方便的通信工具已经开始在地方政府之间普及，但是我国那时候还没有发展传真技术业务。传真具有能原样传送的特点，能够传送图像和各种文字，包括签名和手迹等，而且操作简单，对电路质量的要求较低，差错少。当时的国民政府交通部请来法国长途电话公司的技术人员，在中国的上海和南京两地电话局里安装传真机进行传真试验。之后，开通了一条上海至南京的真迹电报电路，这是中国第一条传真电路，其实这条真迹电报电路是利用上海电话局到南京电话局的长途电话线才得以开通的。当真迹电报线路开通以后，我国便开始尝试办起了真迹传真电报业务。真迹传真电报业务并不是只有政府人员才能使用的官办业务，1925年7月28日起真迹传真业务正式向公众开放。1930年，上海电话局还利用真迹传真电报开展了便于新闻界使用的新闻真迹传真业务。

之后，由于使用真迹传真电报较少，真迹传真电报停止办理，一度在世人的眼前消失。直到1946年11月20日，上海电信局用碳素纸工艺，恢复真迹传真业务。上海解放之后，电报通信业务发展迅速，真迹传真电报在上海进入了快速发展的时期，实现了国内公众电报通信基本实现传真。但随着传真技术的普及化，以及手机等通信工具的普及，真迹传真电报难以适用于社会发展，才渐渐在通信领域中消失。

⊙古今评说

传真电报是一种迅速的通信方式，具有准确无误、安全保密、孤份珍贵等显著特点，是我国公务文书传输的一个重要组成部分。真迹传真电报是我国最早的传真机，尽管如今人们已经不再使用真迹传真电报，但它依然在中国电信的发展史上占有难以抹杀的一席之地。

在今天，越来越先进的传真机在全国各地普遍使用，但真迹传真电报依然具有十分重要的历史意义，被人们称为“摄影电报”的真迹传真电报，它的出现改变了我国的文字、图片传送方式，是我们今天仍在广泛使用着的传真机的鼻祖。

我国第一封电子邮件

⊙拾遗钩沉

1987年9月20日，“德国互联网之父”维纳·措恩与王运丰在北京的计算机应用技术研究所把中国第一封电子邮件发往德国卡尔斯鲁厄大学，这份电报均以英文为内容，其大概意思如下：跨越长城，走向世界，原文则为 Across the Great Wall we can reach every corner in the world。通过连接北京与德国卡尔斯鲁厄大学之间的网络，中国向全球科学网发出了第一封电子邮件。

译自英文E-mail的电子邮件，简称电邮，作为起初互联网最受欢迎且最常用的重要系统功能，主要是通过网络的电子邮件系统，进行书写、发送和接收人们所需要用到的信件。

具体以我们日常生活中进行包裹的邮寄来形容：假如我们想要邮寄一份包裹，最先应该做的就是找到一间经营这项业务的邮局，在收件人姓名、地址等填写完成之后，交邮局邮寄，收件人所在地的邮局就会收到，收件人必须去当地邮局取出这个包裹。与邮寄包裹工作原理一样，当我们进行电子邮件的发送时，通过邮件发送服务器（任何一个都可以），按收信人的地址（邮箱地址），将邮件发到对方的邮件接收服务器上，收信人通过访问这个服务器，就能够收到这封邮件。

德国卡尔斯鲁厄大学

⊙史实链接

据了解，关于世界第一封电子邮件的发出有

两种说法。第一种说法是根据《互联网周刊》的报道，计算机科学家Leonard K·教授大概于1969年10月，发给他的同事的一条只有两个字母（“LO”）的简短消息，这就是世界上的第一封电子邮的出现。Leonard K·教授也因此被称为电子邮件之父。

另一种说法是，为阿帕网工作的麻省理工学院博士Ray Tomlinson把一个仅用于单机的通信软件进行了功能合并，并将一个可以在不同的电脑网络之间进行拷贝的软件，命名为SNDMSG（即Send Message）。为了验证其效用及结果，在阿帕网上他使用这个软件发送了第一封电子邮件，另外一台电脑上的自己则作为收件人。尽管Tomlinson本人也记不起来这封邮件的内容，但那一次举动仍然对历史产生了重要的影响，并标志着电子邮件的诞生。

1986年，北京市计算机应用技术研究所的合作伙伴是德国卡尔斯鲁厄大学（University of Karlsruhe）。他们创建了国际联网项目——中国学术网（简称CANET）启动， 1987年9月，北京计算机应用技术研究所内，CANET在正式建成中国第一个国际互联网电子邮件节点。同时，中国第一封电子邮件：“Across the Great Wall we can reach every corner in the world.（越过长城，走向世界）”于9月14日发出。中国人使用互联网的序幕从此揭开。这封通信速率最初为300bps的电子邮件，经由意大利ITAPAC和德国DATEX—P分组网，并通过意大利公用分组网ITAPAC设在北京侧的PAD机，实现了和德国卡尔斯鲁厄大学的连接。

⊙古今评说

20世纪70年代，人类发明了电子邮件，但对它的广泛运用与普及却是在20世纪80年代。由于当时使用阿帕网络的人太少，网络的速度也非常慢，导致了20世纪70年代的的电子邮件无法普及使用。受网络速度的限制，发送些简短的信息是那时的用户可以做到的，想要发送大量照片是根本不可能的。到20世纪80年代中期，兴起个人电脑，开始在电脑迷以及大学生中广泛传播电子邮件；到20世纪90年代中期，发明了互联网浏览器，全球增加了大量的网民，也开始广泛使用电子邮件。

不像电话那样直接，网络上电子邮件采用储存–转发的方式，对信息逐步进行传递，速度非常快，但费用低廉。在整个网络间以至所有其他网络系统中，电子邮件是直接面向人与人之间信息交流的系统，它的数据发送方和接收方都是个人，使得大量存在于人与人之间的通信需求充分得到满足。

传声器——我国第一部电话机

⊙拾遗钩沉

我国第一部电话机是于1889年诞生，是由当时在安徽主管安庆电报业务的彭名保设计并制造的。这部电话机取名为“传声器”，其最远的通话的距离可达到150公里。

通过电信号双向传输话音的设备被称为电话。亚历山大·格拉汉姆·贝尔通常被人们认为是第一个发明电话机的人，但是在2002年6月15日，美国国会269号决议将安东尼奥·穆齐确认为电话的发明者。日本人生造了“电话”这一词，用来意译英文的telephone，后来被传入了中国。

电话机可以在电话通信中实现声能与电能的相互转换，它的组成部分有送话器、受话器和发送、接收信号的部件等。在进行发话的时候，送话器会把话音转变成电信号，然后沿线路发送到对方；在受话的时候，受话器把接收的电信号还原成话音。

⊙史实链接

“击鼓传声”、“烽火报警”、“邮驿传书”是我国古代的信息传递方式，在这发展的过程中，经历了一段漫长岁月。在贝尔发明了电话机仅仅五年之后，由两方人在上海率先为中国的电话史揭开了序幕。

在1881年，电话传进了中国，一对露天电话由英籍电气技师皮晓浦在上海十六铺沿街架了起来，通话一次需要支付36文制钱，由此，中国的第一部电话出现了。同年，华洋德律风（Telephone）公司由上海英商瑞记洋行创建并且正式开业，同时安装了12门“德律风”，在上海外滩提供给公众使用。随后，丹麦的大北电报公司在次年的 2月21日设立了上海电话交换所，每部话机一年的租金150银元。还设了一部公用电话在所内，在付足费用的前提下，任何人都可以与其他电话用户进行通话。但是国人在面对这一迅捷便达的通信工具的时候，虽看好它却并不真正买账。在当时，泱泱大国，十里洋场，却只有30个人来所内进行电话用户的登记。

由于电话业务对民众开放，电话机的优越性逐渐被国人认识，需求量也开始越来越大。买办官僚盛宣怀奉旨督办电政，提出要甩开洋人，自己来办电话业务。可是外国垄断了电话机的设计和制造方法，清廷虽然与外商多次交涉，但是外商均以种种借口拒绝传授电话机的设计以及制造方法，因此导致了中国的电话业大大受挫。

安徽省安庆州候补知州彭名保发誓要制造出中国自己的电话机。1889年，我国第一台匣式话机诞生，取名为“传声器”，通话距离最远可达150公里，因此成为了中国自行设计制造的第一部电话。

⊙古今评说

鸦片战争后，西方列强开始控制中国的邮电通信业的发展。1889年，中国自制的第一部电话机由安徽省安庆州候补知州彭名保制造了出来，这在当时意义重大，因为中国在此时开始有意识地摆脱洋人对电信行业的控制，同时也树立了人们科技研究的信心，在中国电信业的发展中迈出了重要的一步。

遗憾的是，在中华民国时期，西方列强仍然控制着中国的邮电通信。再加上当时连年战乱，通信设施不断遭到破坏。抗战战争时期，出于战争的需要，日本帝国主义对中国的电信网络体系进行了一系列的改造和扩建，他们利用当时中国经济、技术的落后和腐败的政治制度，通过在技术、设备、维修、管理等方面，对中国的通信事业进行控制。

中国第一部市内电话

⊙拾遗钩沉

鸦片战争后，中国的土地与财富被帝国主义掠夺的同时，近代的邮政和电信也逐渐走进中国社会。我国第一部市内电话于1900年在南京问世，之后市内电话在上海、南京两地的电报局间开办，当时只有16部电话。

电话网的用户终端设备，即在电话通信起点和终点的用户侧设置的电话机，经过一百多年来许多人的研究和无数次的改进，终端用户之间的呼叫和通话，只要通过现代的电话机便能方便地实现。

⊙史实链接

符号是电报传送的形式。假如要发送一份电报，得先将报文译成电码，再使用电报机发送出去；在收报一方，要读懂其内容，需要将收到的电码译成明文，然后送到收报人的手里。这不仅手续非常麻烦与复杂，而且双向信息的交流也不能及时进行。因此人们开始探索一种能直接传送人类声音的通信方式，这就是现在家喻户晓的“电话”。

18世纪，欧洲开始对远距离传送声音进行研究。此后，休斯在1796年提出了传送语音信息，使用用话筒接力的方法。虽然这种方法有些天方夜谭，但他赐予这种通信方式一个一直沿用至今的名字——Telephone（电话）。

1861年，最原始的电话机由德国一名教师研制成功。它主要是利用声波原理，可在短距离互相通话，但并不能真正投入使用。此后，美国发明家贝尔于1876年3月10日发明了世界上第一部电话，并获得美国专利局批准的电话专

老式电话机

利。据记载，人类第一句通过电话传送的语音就是“沃森先生，快来帮我”。

南京开通专供官署使用的市内电话是在1900年8月。其发展历程是这样的：1989年11月，督办电政大臣盛宣怀奏准“电话归电报局兼办，以电报余利为推广电话之需”，以防止“外人觊觎”中国的电报局。由于义和团运动在当年5月兴起，刘坤一奏准在南京设置电话，“由线传语”、“加强防务戒严”。当月，一台50门磁石式人工交换机由江南官电局奉命购进，并将官办电话总汇处（电话交换所）设立在城南润德里，总共花费资金2963银两。购置设备、安装机线等工作皆由主管领班、接线生等工作人员进行。在南京的各级官署里，有16个最早的电话用户。这是国内地方官办的第一家电话局。

⊙古今评说

在南京，我国于1900年出现了第一部市内电话，标志着电话机将逐渐走进中国社会，并通过电话机来使人们的通信生活有所改变。改革开放后，经济发展的阻碍主要体现在通信网络的落后方面，自20世纪80年代中期以来，中国政府加快了建设基础电信设施的步伐，到2003年3月，已有22562.6亿个固定电话用户，而使用移动电话用户数则达到22149.1亿。

随着21世纪的到来，科技的不断进步与发展，电话机在人类生活中发挥着越来越重要的作用。电话机除了具有传达语言的功能，在其他方面还拥有更多非常的用途。有线电话机、无线电话机是电话机的两大主要类型。有线电话的运用非常广泛。用无绳电话、车载电话和手机的人也逐渐增多。随着电脑和通信线路的发展与进步，符合综合信息通信网的最新电话机将很快被开发并投入使用。

第一套60路长途电缆载波电话机

⊙拾遗钩沉

所谓载波电话，就是将发送端若干个电话电路的音频信号，进行多次的调制，分别调制到不同的频带上，再使用线路和增音设备，把内容传送到接收端，再把各路信号通过带通滤波器选出，经解调还原成各路音频信号。许多路电话可同时在一对导线上传输而互不干扰，是由于人们通过用滤波器将各路信号按频率分开，同时也使频分多路复用得以实现。

终端设备、增音设备和传输线路组成载波电话系统。按传输线路区分载波电话，主要有四类。

（1）明线载波电话：有单路、3路、12路和高12路载波电话等，其工作原理是采用不同频带在明线的同一对导线上传输发话和受话的内容。因受串音和无线长波干扰等影响，进一步扩大使用明线传送载波电话的容量受到限制。

（2）对称电缆载波电话：话路容量有12路、24路、60路和 120路。一般多采用相同频带分别在两条电缆中传输发话和受话的内容。

（3）同轴电缆载波电话：采用单电缆制，一般采用相同频带进行发话和受话，并分别在同一电缆中的两根同轴管中传输。有300路、960路、2700路（或3600路）话路容量的属于小同轴电缆载波电话。国际上常用的中同轴电缆载波电话的话路容量有两种系列，中国现在采用的是1800路和4380路，但第一种是960路、2700路和10800路；另外一种是1860（或1920）路、3600路和 10800（或13200）路。此外还有话路容量为120路、300路等的单管中同轴电缆载波电话。

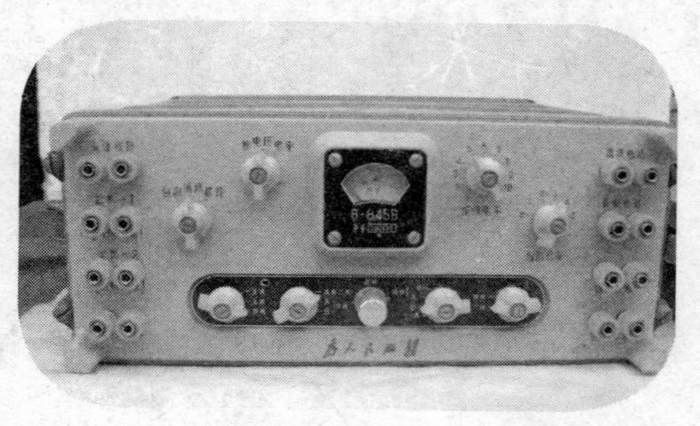

载波电话终端机

（4）海底电缆载波电话：使用不同频带进行发话和受话，传输时使用单电缆单同轴管，拥有高达数百路至数千路话路容量。

⊙史实链接

据史料记载，中国古代的商周时期，当要进行远距离传递消息时，人们就会使用烽火。在国际电信联盟出版的《电话一百年》一书中提到，公元968年，一种叫“竹信”的东西被中国人发明，今天电话的雏形可以追溯到它。虽然这些都反映了我们祖先的聪明才智，但是，要想确切知道近代电信科技的发展历史，我们还是得从欧洲的发展历史说起。

1915年，美国人G·A·坎贝尔和德国人K·W·瓦格纳各自研制成了滤波器，为载波电话的出现奠定了基础。此后，架空明线载波电话于1918年投入使用。同时，在1936年，12路载波电话在同轴电缆线路上开通。又据报道，1941年，在同轴电缆线路上实现了每对同轴管开通480路载波电话。20世纪70年代的载波电话，其容量达到2700路以至10800路。

纵观中国电话发展史，可以了解到中国于30年代初，在长途干线上开始采用载波电话。明线单路、3路和12路载波电话机则于1950年代后期研制完成。后来，在北京、石家庄间开通使用的对称电缆60路载波电话机，其研制完成的时间是20世纪60年代初；20世纪70年代研制成300路小同轴电缆载波电话机、1800路中同轴电缆载波电话机和960路微波载波电话机；20世纪80年代初期又研制成960路小同轴电缆载波电话机和4380路中同轴电话机。

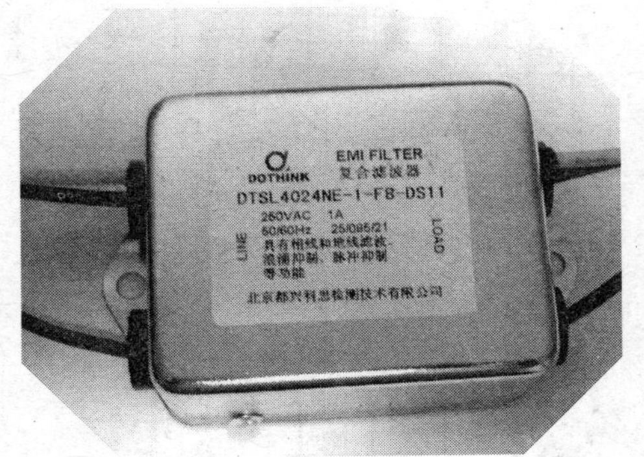

复合滤波器

⊙古今评说

无论是以前还是现在，无论是国内还是国外，为了更方便迅速地传递信

息，人类做出了无法估量的努力。据了解，在发展电信的一百多年时间里，人们对各种通信方式进行了尝试：采用类似“数字”的表达方式进行信息传送是最初电报的传送方式；其后出现了以模拟信号传输信息的电话。随着电子技术的迅速发展，电话机正朝着体积小、重量轻、效能高、功能多、环境适应性强的方向发展。另一方面，数字方式也以其明显的优越性再次得到重视，相继出现数字程控交换机、数字移动电话、光纤数字传输……人们的脚步还未停歇，历史的车轮还在前进。

中国首个引进的程控电话局

⊙拾遗钩沉

程控电话是指在电话里面接入一个利用电子计算机控制的交换机（程控电话交换机），即利用预先编好的程序来控制交换机的接续动作。程控电话具有接续速度快、业务功能多、效率高、声音清晰、质量可靠等优点。

万门程控电话安装现场

1982年1月29日，中国的第一个万门程控电话局于福州开通，从此带动整个中国电信事业蓬勃走向现代化的道路。

⊙史实链接

全国率先使用程控电话的是福州。福州除了在时间上使用得最早以外，它还明智地选择了当时最先进的全数字交换技术，同时以最低的经济代价和最快的建设速度，达到最好的社会效益和企业经济效益。

中共中央在1979年下达了50号文件，决定在广东、福建两省实行特殊对外开放政策。福建省委、省政府认为：福建要完成对外开放，必须彻底改造包括港口、机场、电信在内的基础设施。这些工作必须率先完成，否则对外开放就是一句空话。为此，福建省邮电局的领导觉得他们需要紧紧抓住这个机遇，所以以极快的速度，组建了办公室负责技术的引进，同时抽调了一批业务技术较强、思想较解放的干部立即着手筹划这件事。

电信技术装备有两个重要组成部分，一个是交换设备，一个是传输设备。起初，我国的交换设备由共电制和磁石的人工交换机，发展到步进制交换机，

程控交换机

而后普遍用的是纵横制交换机，到1980年代初，福州引进了程控交换机。

电信技术设备现代化工程中，把机电制交换机改造为用电子计算机控制存储程序控制电子交换机（技术俗称程控交换机）的耗费比较大。而我国的通信交换技术改造是采用摸拟（或叫空分制）的程控交换机或采用数字（或叫时分制）交换机。邮电部最高层次的技术专家在会议上经过几年的研讨，直到1980年，福州尚未对引进的项目作出结论。因此在福州引进邮电系统的会议上，在这方面的第一流专家讨论具体引进方案时，这个问题很自然地被提了出来。由于邮电部设计院和邮电部科学研究院第十研究所为主的专家们，包括支持这一意见的邮电部基建局的多数人一派认为："应该引进空分的，即模拟的程控交换机。"理由是："空分具有较成熟的程控技术，而我们不能让外国人将我们花大钱搞的基建项目变成试验基地。"当时美国西方电气公司远东市场部部长还说:"美国现在的通信网中仍大量使用空分程控交换机，如果你们现在引进时分程控交换机，难道中国能够跑到美国前面去吗？"福建省邮电管理局在认真分析了两种不同观点后，果断地采纳了当时少数人的主张，决定引进时分制，即数字程控交换机。原因是:"我们花钱引进的必须是先进技术，空分制即模拟的程控交换机虽然说比较'成熟'，但也代表着是'落后'的。所以从发展的规律上看，数字程控交换机必然取代模拟程控交换机。"

初搞先进性的程控电话技术，在20世纪80年代被多数人认为是高不可攀的。因为作为首都的北京，也只是引进市内电话五千门的程控交换系统工程。而福州的地位，不管是从政治上看，或从经济上、军事上、文化上看，是无法与北京相比的。所以他们认为福州引进万门程控电话交换系统工程规模太大，以致有关设计院不愿承担相关设计。而福建省邮电管理局却坚持引进，于是从自己省内邮电系统中抽调了一批技术骨干，临时成立了一个"省邮电设计所"。经过艰苦、认真的奋战，"多、快、好、省"地完成了这个全国第一个万门程控电话交换系统工程的设计、施工任务。

⊙古今评说

近年来，程控交换机在控制方式、程序软件、话路网以及接入业务等方面一直处于快速发展状态。随着社会经济的快速发展，通信系统要求程控交换设备更加稳定可靠、实时性强、调度功能完善、维护方便、接续速度快、畅通无阻……而程控交换机早已广泛应用于军队、电力、工矿企业、公安、金融证券等行业。程控交换机服务功能不断增加，技术也越来越成熟，在通信中发挥着至关重要的作用。

当前的程控数字交换机体积小、容量大、处理速度快、灵活性强，结合数字的传输，已构成综合业务数字网。在实现电话交换、数据、图像通信、传真等多媒介交换的同时，更有利于建设智能网，利于改变交换机功能，为用户提供多类型、更方便的电话服务。此外，随着科学技术的不断提高，程控交换机技术将朝着更实用、更可靠、更易维护等方向深入发展。